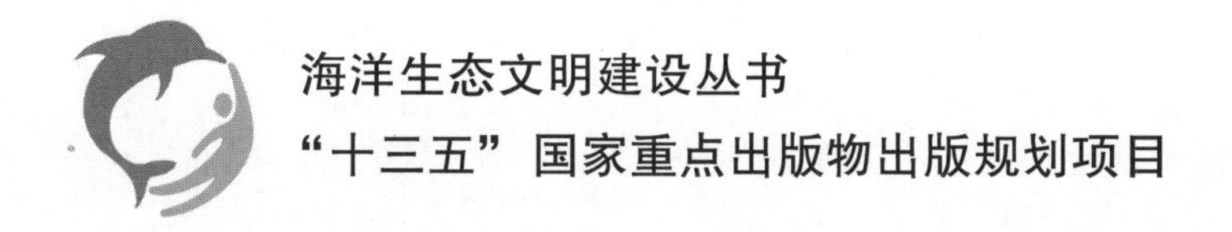

秦皇岛河口海岸环境容量研究

匡翠萍　张建乐　杨燕雄　顾　杰　等 编著

海洋出版社

2017年·北京

图书在版编目（CIP）数据

秦皇岛河口海岸环境容量研究/匡翠萍等编著．—北京：海洋出版社，2017.8
ISBN 978-7-5027-9918-2

Ⅰ.①秦… Ⅱ.①匡… Ⅲ.①海洋环境-环境容量-研究-秦皇岛 Ⅳ.①X55

中国版本图书馆 CIP 数据核字（2017）第 214100 号

责任编辑：白　燕　程净净
责任印制：赵麟苏
海洋出版社　出版发行
http：//www.oceanpress.com.cn
北京市海淀区大慧寺路 8 号　邮编：100081
北京画中画印刷有限公司印刷　　新华书店发行所经销
2017 年 9 月第 1 版　2017 年 9 月北京第 1 次印刷
开本：889mm×1194mm　1/16　印张：8.75
字数：203 千字　定价：58.00 元
发行部：62132549　邮购部：68038093　总编室：62114335

《秦皇岛河口海岸环境容量研究》编委会

主要编著者：匡翠萍　张建乐　杨燕雄　顾　杰

参与编著人员（按姓氏笔画排列）：

马　悦　王佳元　王彬谕　刘会欣　刘　旭

苏　平　杨义明　吴　敏　邱若峰　宋竑霖

张万磊　张甲波　张永丰　陈　维　单云驰

胡成飞　冒小丹　宫立新　梁慧迪　董智超

前　言

河口海岸地区是孕育人类文明的发源地之一，也是人类活动最为频繁的地区之一。海岸带的持续开发和海洋经济的快速发展，导致海岸环境压力加大，环境质量衰退，成为海岸经济可持续健康发展亟待解决的问题。如何协调海岸带开发与生态环境保护，合理开发利用海岸带资源，形成科学发展模式，缓解海岸环境压力，改善生态环境质量，是实现海岸带地区经济与生态环境可持续发展的重要课题。

秦皇岛东临渤海，沿岸沙滩砂质细软、浪小潮平和宜人气候为海滨浴场创造了得天独厚的自然条件，自清代起便成为享誉中外的休闲疗养的避暑胜地。渤海是典型的半封闭型海湾，水体交换能力低，海域环境容量有限，秦皇岛坐落在渤海西北部海岸，同样也面临着这样的环境问题。随着秦皇岛城市化进程的加快，城镇工农业和滨海旅游也发展迅速，排海污染物总量不断增加；海洋产业（以扇贝筏式养殖为主要模式）在发展壮大的同时带来新的环境问题。2009—2011年秦皇岛近岸海域连续3年爆发赤潮，爆发次数、影响范围和经济损失呈增长势态。2012年针对秦皇岛海域典型生态灾害防控报经国家海洋局“北戴河邻近海域典型生态灾害与污染监控关键技术集成应用”（201305003）立项，获得海洋公益性行业科研专项经费批准。本书集成该海洋公益性行业科研专项第5项子任务——“北戴河海域污染物总量控制和产业优化调整研究与应用”和河北省国土资源厅科技项目“北戴河海域主要污染物环境容量研究”中与环境容量相关的研究成果。

通过资料收集、现场踏勘、水文水质监测等手段，对秦皇岛地区自然社会经济、海域动力环境和陆海污染输入进行了概括总结，评估了海域水环境状况和陆海污染物输入联动响应。在此基础上建立秦皇岛地区一维河流和二维、三维近岸海域数学模型，利用数值手段对秦皇岛陆海污染物输运特征和水体交换规律进行分析，根据排污状况和动力条件计算秦皇岛河口海岸环境容量，提出了对策建议，以期为控制入海污染物总量、制定海洋生态环境保护规划与管理海洋环境提供技术支撑，推动秦皇岛产业合理布局、社会经济可持续发展、海洋生态文明建设。

在项目实施过程中，得到了国家海洋局、河北省国土资源厅、河北省海洋局及公益专项成员单位及参加人员和项目5位跟踪专家的大力支持，国家海洋局第三海洋研究所余兴光研究员对本书提出了宝贵的修改意见，冒小丹博士、胡成飞硕士和单云驰硕士等在校期间参加了项目研究与出书整理工作，在此一并致谢。

因时间和水平有限，难免有不当之处，敬请批评指正。

匡翠萍

2016年11月于同济大学

目 录

第 1 章 自然和社会经济环境概况 …………………………………………… (1)
1.1 自然环境概况 …………………………………………………………… (1)
1.1.1 地理地貌 …………………………………………………………… (1)
1.1.2 气象气候 …………………………………………………………… (2)
1.1.3 水文动力 …………………………………………………………… (7)
1.2 社会经济概况 …………………………………………………………… (11)
1.3 海洋资源概况 …………………………………………………………… (12)
1.3.1 渔业资源 …………………………………………………………… (12)
1.3.2 海洋旅游资源 ……………………………………………………… (14)
1.4 秦皇岛海域相关规划 …………………………………………………… (15)
1.4.1 秦皇岛海洋功能区划 ……………………………………………… (15)
1.4.2 秦皇岛海洋生态红线区 …………………………………………… (18)
第 2 章 水动力与水环境特征 ……………………………………………… (23)
2.1 海域潮流特征 …………………………………………………………… (23)
2.1.1 实测潮流统计特征 ………………………………………………… (23)
2.2 水环境特征 ……………………………………………………………… (33)
2.2.1 近岸海域水环境特征 ……………………………………………… (33)
2.2.2 入海河流水环境特征 ……………………………………………… (37)
2.3 陆海污染物输入联动响应 ……………………………………………… (39)
2.3.1 污染物分布 ………………………………………………………… (39)
2.3.2 相关性分析 ………………………………………………………… (43)
第 3 章 数学模型概述 ……………………………………………………… (46)
3.1 MIKE 11 一维模型 ……………………………………………………… (46)
3.1.1 水动力模型 ………………………………………………………… (46)
3.1.2 水质模型 …………………………………………………………… (47)
3.2 MIKE 21 二维模型 ……………………………………………………… (48)
3.2.1 水动力模型 ………………………………………………………… (48)
3.2.2 水质模型 …………………………………………………………… (49)
3.3 MIKE 3 三维模型 ……………………………………………………… (50)

第 4 章　近岸海域水动力和污染物输运模拟 …………………………………………………（52）
4.1　秦皇岛近岸海域数学模型建立 ……………………………………………………（52）
4.1.1　模型范围和计算网格 ……………………………………………………（52）
4.1.2　边界条件 ……………………………………………………………（54）
4.1.3　模型参数选取 ………………………………………………………（54）
4.2　秦皇岛近岸海域数学模型验证 ……………………………………………………（55）
4.2.1　二维水动力模型验证 ……………………………………………………（55）
4.2.2　三维水动力模型验证 ……………………………………………………（56）
4.2.3　污染物输运模型验证 ……………………………………………………（66）
4.2.4　模型效率评价 ………………………………………………………（66）
4.3　秦皇岛近岸海域水动力和污染物分布特征 ………………………………………（73）
4.3.1　水动力特征 …………………………………………………………（73）
4.3.2　污染物分布特征 ……………………………………………………（74）
4.4　秦皇岛近岸海域水体交换能力计算与分析 ………………………………………（75）
4.4.1　模型建立 ……………………………………………………………（77）
4.4.2　秦皇岛近岸海域水体交换能力计算与分析 …………………………………（77）
4.4.3　秦皇岛近岸海域水体交换时间分析 ………………………………………（78）
第 5 章　入海河流污染物输运模拟 ……………………………………………………（85）
5.1　秦皇岛入海河流数学模型建立 ……………………………………………………（85）
5.1.1　研究区域 ……………………………………………………………（85）
5.1.2　边界条件和模型参数选取 ………………………………………………（86）
5.2　秦皇岛入海河流数学模型验证 ……………………………………………………（87）
5.2.1　模型验证 ……………………………………………………………（87）
5.2.2　模型效率评价 ………………………………………………………（90）
5.3　水质模型在水环境管理中的应用 …………………………………………………（90）
5.3.1　水质模型在水环境监测中的应用 …………………………………………（91）
5.3.2　水质模型在水环境分析中的应用 …………………………………………（92）
5.3.3　水质模型在水环境控制中的应用 …………………………………………（94）
第 6 章　秦皇岛河口海岸环境容量计算 …………………………………………………（98）
6.1　概述 …………………………………………………………………………（98）
6.1.1　环境容量的概念和定义 …………………………………………………（98）
6.1.2　海域环境容量研究的技术依据 ……………………………………………（99）
6.1.3　环境容量计算污染物的确定 ……………………………………………（100）
6.1.4　环境容量限定值的确定 …………………………………………………（100）
6.2　环境容量计算方案 ……………………………………………………………（102）

6.2.1 COD_{Cr}环境容量计算方案 …… (102)
6.2.2 TN 环境容量计算方案 …… (106)
6.2.3 TP 环境容量计算方案 …… (109)
6.3 环境容量计算结果 …… (110)
6.3.1 COD_{Cr}环境容量 …… (110)
6.3.2 TN 环境容量 …… (110)
6.3.3 TP 环境容量 …… (117)
第7章 秦皇岛近岸海域主要环境问题及对策建议 …… (120)
7.1 秦皇岛海域面临的主要环境问题 …… (120)
7.1.1 海洋生态灾害以褐潮为主,并呈多灾种并发态势 …… (120)
7.1.2 陆源排污贡献率高,农业面源是主要污染源 …… (121)
7.1.3 浮筏扇贝养殖规模大,对海域环境影响大 …… (121)
7.2 秦皇岛近岸海域环境深度治理对策建议 …… (122)
参考文献 …… (125)

第 1 章　自然和社会经济环境概况

1.1　自然环境概况

秦皇岛市位于河北省东北部，东与辽宁省接壤，西与唐山市相邻，北邻承德，南濒渤海（图 1.1），市境地理坐标为 39°24′—40°37′N，跨 1°13′；118°13′—119°51′E，跨 1°38′，全境南北长 127 km，东西宽 110 km，全市面积 7 812.4 km^2。秦皇岛市区大部分位于向海倾斜的滨海冲积平原上，北高南低，地势平坦，是连接东北与华北两大区的咽喉要道，交通便利，并拥有我国北方著名的不冻不淤的良港——秦皇岛港。秦皇岛市辖昌黎县、卢龙县、青龙满族自治县 3 县和山海关区、海港区、北戴河区、抚宁区 4 个城区（图 1.1），4 区和昌黎县临渤海，海岸线总长 162.7 km，0~20 m 等深线海域面积2 114 km^2[1,2]。

图 1.1　秦皇岛地理位置和行政区划

1.1.1　地理地貌[1-3]

秦皇岛市地质构造由东西向断裂和东北向断裂控制，喜马拉雅运动使北部燕山山区强烈上升，南部平原区及渤海强烈下降，因而形成北高南低逐级下降的梯形地貌形态。青龙西北燕山东段主峰都山海拔 1 846. 3 m，东南部老岭主峰黑尖顶海拔 1 424. 8 m，其间为陡峻的中低山地带，构成全市的第一级阶梯；长城以南丘陵台地海拔在 50~300 m，燕山山脉直达海隅，构成全市的第二级阶梯；南部滦河、青龙河、洋河、汤河和石河冲积平原及滨海沉积平原，海拔 0~50 m，构成全市的第三级阶梯。

秦皇岛市地层出露齐全，地貌类型多样，由北向南依次为山地、丘陵、平原和盆地。山地主要分布于抚宁区、卢龙县北部长城一线及青龙满族自治县全境。整个山地属燕山山脉东段，以东西走向为主，面积 4 538. 4 km^2，占全市总面积的 58. 09%，海拔一般在 200~1 500 m 之间，属中低山。境内著名的山有都山、老岭、响山、背牛顶、角山、联峰山等。都山位于青龙满族自治县西北部，面积 210 km^2，海拔 1 846. 3 m，是境内最高峰，为燕山山脉东段主峰。

全市丘陵面积为 1 863. 8 km^2，占全市总面积的 23. 86%，主要分为山间丘陵、山前丘陵和蚀余丘陵。山间丘陵主要分布在北部山区，海拔一般在 100~200 m 之间，其特点是不连续、面积较小。山前丘陵为境内丘陵主体，面积约占丘陵总面积的 70%以上，集中分布于卢龙县和抚宁区中部，海拔 100 m 左右，形态多为浑圆和缓坡丘。其余丘陵主要分布于戴河以东侵蚀台地上，多为孤立残丘，海拔一般在 50 m 左右。

平原主要分布于昌黎县中南部、抚宁区南部及市区沿海、部分盆地及山地、丘陵间，以洪积、冲积平原为主。昌黎县、抚宁区南部平原是全市平原的主体，其形态特征是连片，少有起伏，北高南低稍有倾斜，基本广阔平坦，海拔 0~20 m，面积 1 410. 2 km^2，占全市总面积的 18. 05%。

除山间小盆地外，全市有 3 个较大盆地。抚宁盆地位于县城周围，南北长 17 km，东西宽 12 km。地势比较平坦，海拔 16~50 m，由东北向西南倾斜。燕河营-大新寨盆地位于抚宁区西北部和卢龙县东部，呈“U”字形，地势由北向南海拔由 150 m 降至 40 m。柳江盆地位于抚宁区东部，南北长 5. 5 km，东西宽约 6 km，地层齐全。

沿海区，主要分布在城市 4 区和昌黎县，该区域为秦皇岛市重要沿海旅游资源区，有驰名中外的山海关、北戴河、南戴河，这里的碧海、金沙、长城、别墅、森林构成了十分独特的自然和人文景观，是中国著名的避暑胜地。

北戴河地质构造较为复杂，境内地貌类型多样，老虎石周边基岩岬角与砂质海岸各种地貌类型穿插显现，形成典型的基岩-沙滩型岬湾海岸。老虎石为典型的海蚀地貌区，凹槽、沟、阶地均有呈现，受老虎石岬角影响，波浪产生绕射，在波影区形成连岛沙坝，连岛沙坝为浅黄色细砂，将老虎石岬角和海岸相连，造就了北戴河秀丽的自然景观。

1.1.2 气象气候

1.1.2.1 气候[4,5]

秦皇岛市地处中纬度地带，属暖温带湿润半湿润大陆季风性气候，受我国东部沿海季风环流的影响，海洋性特征明显，气候四季分明，气温年较差大，年降水量多寡变化显著。春季多日照、气温回升快，降水少，受冷空气影响，相对湿度低、空气干燥，蒸发快，风速较大；夏季受印度洋低气压和太平洋副热带高压控制，盛行偏南风，多阴雨，空气潮湿，气温高但少闷热；秋季时间短，受蒙古高压控制，降温快，秋高气爽；冬季长，受蒙古冷空气影响，盛行西北风，形成寒冷、干燥少雪和晴朗的气候。

秦皇岛年平均日照时间在 2 700~2 850 h；年平均气温 8.8~11.3℃；盛夏日平均气温 22~25℃；年平均降水量 650~750 mm，降水集中在 7—9 月，占全年的 70%~80%，年平均蒸发量 1 468.7 mm。由于秦皇岛濒临渤海，空气湿度较大，年平均湿度 65%左右。

秦皇岛与周边的北京、天津、石家庄等大中城市相比：其 7 月平均气温低 2℃左右，高于 30℃的日数少 24~57 d。北戴河与大连、青岛相比较，7 月气温略高，但因大连、青岛最热月出现在 8 月，所以若按最热月比较，北戴河比大连温度高 0.5℃，比青岛温度低 0.7℃。和大连、青岛一样，北戴河为夏季避暑的好去处。

1.1.2.2 风况

秦皇岛海区属暖温带半湿润季风气候区，受西风带和副热带系统影响，冬季寒冷期较长，夏季高温天气较短。春季风速最大，秋季次之，盛夏平均风速较小[6]；秦皇岛全年平均风速 3.5 m/s，最大可达 19.0 m/s，强风向多为东北风。每年 10 月至翌年 3 月盛行北至东北风向，6 月和 8 月多吹西南向风。7—9 月偶有热带气旋（台风）出现[3]。

统计 2013 年全年的实测风资料，可得 2013 年全年风向频率表（见表 1.1）、2013 年最大风速表（见表 1.2）、2013 年各季节风向频率表（见表 1.3）、2013 年全年的风向频率玫瑰图（见图 1.2）、2013 年最大风速玫瑰图（见图 1.3）以及各季节的风向频率玫瑰图（见图 1.4）。

由表 1.1 和图 1.2 可知，2013 年全年平均风向频率最大的依次为 SSW 向、S 向和 SSE 向，出现频率分别为 12.67%、11.23%、8.97%。NNW 向和 N 向的出现频率也达到了 8.42%和 8.15%。对于 5 级以下风，SSW 向、S 向出现频率最高，分别为 12.53% 和 11.16%；ENE、E 向出现频率最低，均低于 3%；其他向的出现频率在 3%~9%之间。对于 6 级以上风，主要出现在 N 向、NNW 向和 NW 向，频率分别为 0.75%、0.75%和 0.41%。由表 1.2 和图 1.3 可知：2013 年全年风速以 N 向、NNW 向和 NW 向最大，分别为 18.6 m/s、14.6m/s 和 13.6 m/s；春季风速以 N 向、NE 向和 SSW 向最大，分别为 18.6 m/s、14.0 m/s 和 12.6m/s；夏季风速以 SSE 向、SSW 向和 S 向最大，分别为 10.4 m/s、9.6 m/s 和 9.5 m/s；秋季风速以 NW 向、NNE 向和 NNW（WNW）向最大，分别为 13.6 m/s、13.1 m/s 和 12.3 m/s；冬季风速以 N 向和 NNW 向最大，分别为 15.0 m/s 和 14.6 m/s。

由表 1.3 和图 1.4 可知，春季风以 SSW 向、N 向和 SSE 向出现频率最高，分别为 16.03%、9.24% 和 8.97%；夏季风以 S 向、SSE 向和 SSW 向出现频率最高，分别为 23.37%、18.21%和 15.49%；秋季风以 SSW 向、NNW 向和 S 向出现频率最高，分别为 13.19%、10.71%、10.16%；冬季风以 NNW 向、N 向和 NNE 向出现频率最高，分别为

16.67%、12.50%和8.89%。

表1.1　2013年全年风向频率

风向	次数（次）		总次数（次）	频率（%）		总频率（%）
	0~5级	≥6级		0~5级	≥6级	
	0.1~10.7 m/s	≥10.8 m/s		0.1~10.7 m/s	≥10.8 m/s	
N	108	11	119	7.40	0.75	8.15
NNE	72	4	76	4.93	0.27	5.20
NE	50	1	51	3.43	0.07	3.50
ENE	33	0	33	2.26	0.00	2.26
E	43	0	43	2.95	0.00	2.95
ESE	44	0	44	3.01	0.00	3.01
SE	61	0	61	4.18	0.00	4.18
SSE	131	0	131	8.97	0.00	8.97
S	163	1	164	11.16	0.07	11.23
SSW	183	2	185	12.53	0.14	12.67
SW	111	0	111	7.60	0.00	7.60
WSW	83	0	83	5.69	0.00	5.90
W	70	0	70	4.79	0.00	4.79
WNW	83	3	86	5.69	0.21	5.90
NW	74	6	80	5.07	0.41	5.48
NNW	112	11	123	7.67	0.75	8.42
合计	1 421	39	1 460	97.33	2.67	100.00

表1.2　2013年最大风速统计

风向	最大风速（m/s）					平均风速（m/s）
	全年	春	夏	秋	冬	
N	18.6	18.6	8.6	10.9	15	6.50
NNE	13.1	11.9	8.0	13.1	10.1	6.03
NE	14.0	14.0	4.5	8.3	7.4	4.69
ENE	10.6	10.6	1.8	4.5	8.3	4.13
E	9.9	9.9	3.6	3.4	5.5	3.67
ESE	8.4	8.4	4.1	5.4	6.2	3.37
SE	7.5	7.3	7.5	4.5	5.4	3.74
SSE	10.4	9.8	10.4	8.8	5.5	4.57
S	11.2	9.8	9.5	9.5	11.2	4.95
SSW	12.6	12.6	9.6	9.1	9.6	5.65
SW	9.3	9.1	7.3	7.7	9.3	4.83
WSW	9.3	6.9	6.3	8.9	9.3	4.56

续表 1.2

风向	最大风速（m/s）					平均风速（m/s）
	全年	春	夏	秋	冬	
W	8.8	8.8	6.8	7.7	6.5	4.20
WNW	12.3	7.7	6.5	12.3	7.5	4.98
NW	13.6	8.9	8.7	13.6	10.3	6.25
NNW	14.6	10.8	4.2	12.3	14.6	6.18

表 1.3　2013 年各季节风向频率统计

风向	频率（%）			
	春	夏	秋	冬
N	9.24	2.99	7.97	12.50
NNE	4.89	2.45	4.67	8.89
NE	3.53	2.99	3.02	4.44
ENE	3.26	0.82	1.65	3.33
E	5.16	2.17	2.20	2.22
ESE	3.26	2.99	3.57	2.22
SE	5.98	6.79	2.20	1.67
SSE	8.97	18.21	6.32	2.22
S	7.61	23.37	10.16	3.61
SSW	16.03	15.49	13.19	5.83
SW	8.70	6.79	9.34	5.56
WSW	4.35	4.62	7.42	6.39
W	5.43	2.99	2.75	8.06
WNW	5.16	2.99	6.87	8.61
NW	4.08	2.17	7.97	7.78
NNW	4.35	2.17	10.71	16.67

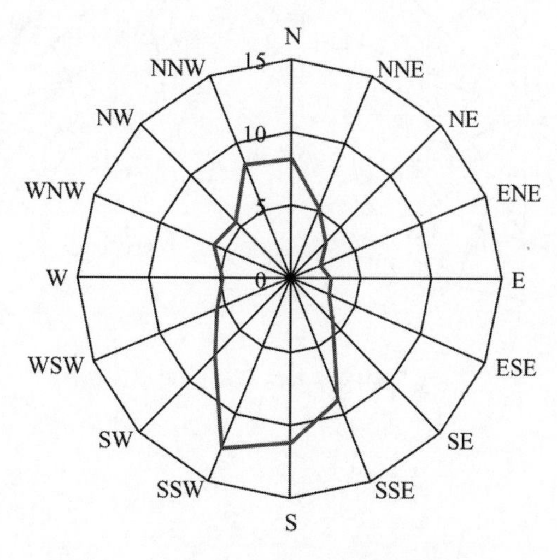

图 1.2　2013 年全年的风向频率玫瑰图

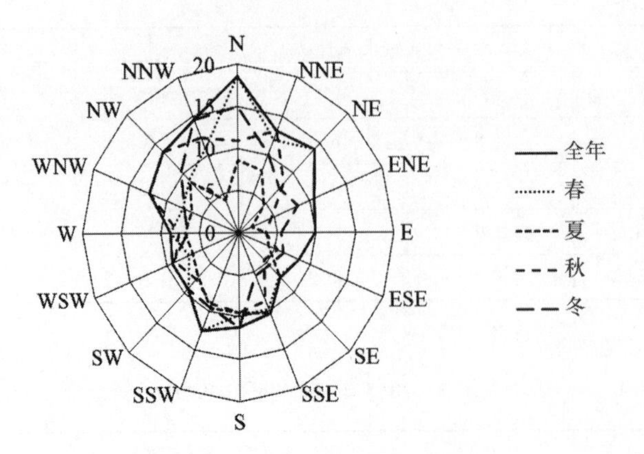

图 1.3　2013 年最大风速玫瑰图

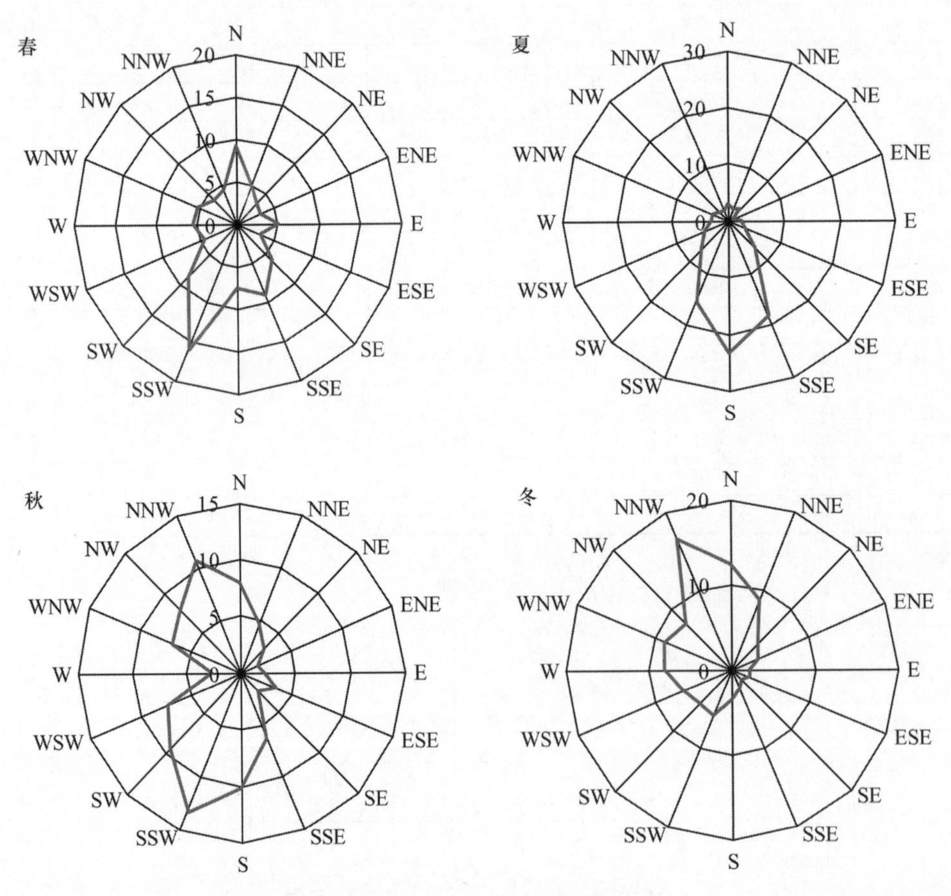

图 1.4　2013 年各季节风向频率玫瑰图

1.1.3 水文动力

1.1.3.1 河流水文[3,5,7]

秦皇岛市境内流域面积在 30 km^2 以上的河流共有 48 条，它们分属于滦河水系及冀东滨海独流入海诸河，其中属于滦河水系的 15 条，属于冀东独流入海河 33 条。各河多年平均径流总量为 12.6×10^8 m^3。各河径流量在时间变化上有两个显著特点：一是年内分配极不平衡，夏秋季直接受大气降水影响，河水暴涨暴落，易发生洪涝等自然灾害；春季降水偏少，各河基流小，部分河流时有断流现象发生。二是各河流年际间变化很大，实测最大径流总量为 41.8×10^8 m^3，最小年径流总量为 2.5×10^8 m^3，且常常出现连续丰水年或连续枯水年。

秦皇岛市境内诸河除青龙河、清河等少数几条河流外，绝大部分河流流向是由西向东南，最后注入渤海，河流自北向南包括：潮河、石河、沙河、新开河、汤河、小汤河、戴河、洋河、蒲河、人造河、小黄河、东沙河、饮马河，七里海的赵家沟、刘坨沟、刘台沟、稻子沟、泥井沟，共 18 条入海河流。秦皇岛市境内有常年常规监测资料的入海河流有 6 条，其概况如下。

1）石河

石河又称大石河，因河床系砂卵石组成而得名，位于秦皇岛市境东部，发源于长城以北的马尾巴岭，其在长城以北有支流 3 条，分别于义院口、花场峪车厂西穿越长城。主流经青龙满族自治县官场，于城子峪入抚宁县境，庄河村南有二道河汇入，经驻操营，于蒋山附近有两石河汇入，在傍水崖村钉城区南的高建庄乡田家庄附近注入渤海。河道全长 67.5 km，总流域面积 618 km^2，流域平均宽度 8.9 km。石河流经燕山山脉的多雨地带，因而水量充沛，多年平均径流量 1.68×10^8 m^3。1972 年秦皇岛市在石河小陈庄北的二即庙出山口处兴建了一座总库容为 $7\,000\times10^4$ m^3 的中型水库。1975 年水库正式拦洪储水，起到调洪和供水作用。河口的监测断面为石河河口断面。

2）汤河

汤河亦称大汤河，位于抚宁县东部及秦皇岛市区西部，因其上游有汤泉而得名。汤河上游有两个源头，以东支为大，发源于抚宁县柳观峪村西北，西支次之，当地人称其为头河，发源于抚宁县温泉堡西南的方家河村。两支在平山营村东南约 1 km 处汇合后向南流，在郭高庄东南有发源于山前村东的小深港沟汇入。在海阳镇东南穿京秦铁路进入秦皇岛市区，经李姓安村西、前进庄东、廉庄西傍秦皇岛经济开发区，越山广公路、京山铁路后注入渤海。汤河属典型的山溪性河流，源短流急。河道全长 28.5 km，流域面积为 184 km^2。该河多年平均径流量为 $3\,680\times10^4$ m^3。汤河流域平均宽度为 6.5 km，最大流域宽度为 16 km。河口的监测断面为汤河河口断面。

3）新开河

新开河是一条位于秦皇岛东部的穿市区河流，是市区排水的主要河道。新开河的源头是抚宁县出家沟南与海港区唱坊乡的石山、小高庄一带的山沟。穿过市区建设大街，海港区铁路编组地段，在南李庄防潮闸下纳入由东向西流向的城东排水渠，在河北大街桥上游纳护城河水，于东山东侧注入渤海。河道全长 11 km，其中主河道长 4.05 km，流域面积为 43.9 km^2。该河属于山溪性河流，多年平均径流量为 740×10^4 m^3。枯水期河道基流很小，时有干涸。河口的监测断面为新开河河口断面。

4）戴河

戴河上游有三源，其中以东源为大，发源于抚宁县蚂蚁沟北的青石塔寺，当地亦称其为沙河。流经马家庄、东棺叶、西桐叶、吕庄、小新立庄、洼儿庄，在香房东南与发源于歪顶山的中源汇合，再过牛蹄寨，在榆关东南约 1 km 处与西源汇合。西源名为西榆河，源于北车厂北。西源支流名为榆河，源于聂口北。两河东南流至五王庄汇合，经榆关，南至沙河村与东支沙河汇合，再南下与小米河头村与米河汇合，米河源于北坊子。北戴河穿过京山铁路，于联峰山西注入渤海。该河全长 35 km，流域面积为 290 km^2，流域平均宽度为 8.3 km，最大流域宽度为 20.5 km。多年平均径流量为 5 100×10^4 m^3。戴河流域形似纺锤状，北宽南窄，除上游部分地区是山区外，余者丘陵区约占 80%。河口的监测断面为戴河河口断面。

5）洋河

洋河是秦皇岛市境内冀东独流入海各河中的第一大河，水量居于诸河之首。河道全长 100 km，流域面积为 1 029 km^2。洋河上游有东西两个源头，分别发源于青龙满族自治县和卢龙县境内。其东源称为东洋河，发源于青龙县界岭山南坡，南流至界岭口，穿过长城后进入抚宁县境内，经峪门口、大新寨至战马王村西折入洋河水库库区。东洋河沿河汇集了众多支流小河，其中较大支流有新城沟、南大沟、程家沟、贾家河、梁家湾和头道河，各支流中以头道河水量较丰。西洋河源于卢龙县大刘庄乡北冯家沟村附近的红山侧，称冯家沟河，另有红山河、四备庄河、燕河、兴隆河等汇入后，注入洋河水库。洋河除东、西洋河两条支流外还有麻达峪沟（亦称迷雾河）与麻河直接注入洋河水库。麻达峪沟发源于华岭沟西，麻河发源于长城南侧，黑龙头山东麓。洋河出水库后，南流经田各庄、抚宁城、胡各庄、卢王庄等，于洋河口村注入渤海。入海前在前石河有小饮马河注入，在黄金山头有小沙河注入，在南孟庄河口处有蒲河汇合。洋河多年平均径流量为 2.4×10^8 m^3，但其年际变化较大。河口的监测断面名为洋河河口断面。

6）饮马河

饮马河水系共有干支流 10 余条，干支流河道总长约 145 km，总流域面积为 582 km^2。除干流饮马河外，主要支流有贾河、七道河、沿沟等。上游源头有两条：东支发源于卢龙县银洞峪的杨山北侧，西支发源于卢龙县秦庄头南的乔家岭。两条支流在卢龙县蛤泊东北汇合。干流河道全长 60 km，流域面积为 582 km^2，主要支流有贾河、沿沟。多年平均径流量为 0.69×10^8 m^3。河口的监测断面为饮马河河口断面。

1.1.3.2　海洋水文

1）潮汐

秦皇岛海域位于渤海西北海岸，处在渤海南部黄河口和北部秦皇岛外的无潮点之间，是半日分潮和日潮波腹地带，太平洋潮汐通过渤海海峡传入渤海后遇岸反射形成沿岸潮波。该海域潮汐形态系数为 4.73，属正规日潮，即一天一次高潮和低潮，但受无潮点影响潮汐过程比较复杂，出现类似半日潮变化，存在相邻高潮（或低潮）潮高不等现象，如图 1.5 所示。该海域多年平均潮差约 0.74 m，最大潮差为 1.50 m，属弱潮海区，潮差曲线具有双峰双谷年变化特征，峰值出现在 6—7 月和 12 月，谷值出现在 3 月和 10 月。年平均潮位表现为冬季低、夏季高，1 月平均潮位最低，8 月平均潮位最高。秦皇岛海域大潮平均涨潮历时 13 h 20 min，比平均落潮历时长近 3 h，平均涨落潮历时比约为 1.21。

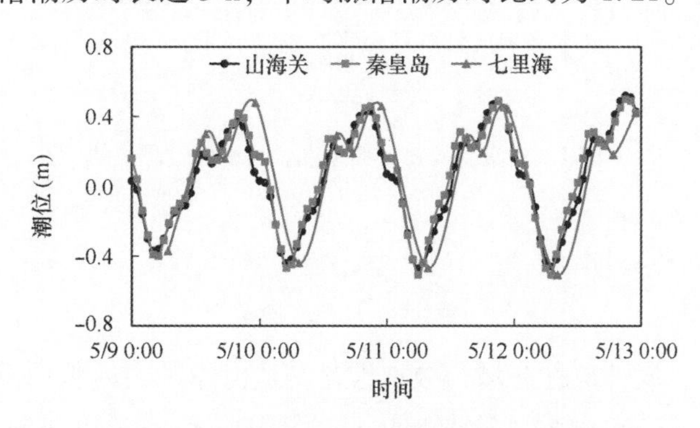

图 1.5　秦皇岛海域三个验潮站潮位过程曲线

2）潮流

秦皇岛海域 M_2 为最主要分潮流，其潮流椭圆长轴远大于其他分潮，潮流形态系数判定潮流类型为规则半日潮流。该海域潮流基本呈往复流运动，涨潮西南向，落潮东北向；潮流受地形控制明显，近岸水域潮流具有顺岸和沿等深线方向运动的特点，且流速从表层至底层有所减小。从垂线平均流速的空间分布来看，该海域具有近岸区域比外海流速稍弱的分布规律，并且金山嘴岬角效应明显，成为该海域潮流最强的区域。

该海域潮波具有一定的驻波特征，如图 1.6 所示。由于复杂的半日潮流特性，每天有两次涨落的潮流过程，潮差直接决定了两次过程一强一弱。根据 2011 年和 2013 年近岸实测潮流资料统计，大潮涨潮平均流速为 0.16~0.31 m/s，落潮平均流速为 0.16~0.28 m/s；小潮涨潮平均流速为 0.15~0.26 m/s，落潮平均流速为 0.09~0.25 m/s。该海域潮流总体随潮差增大而增强，涨潮流略强于落潮流。

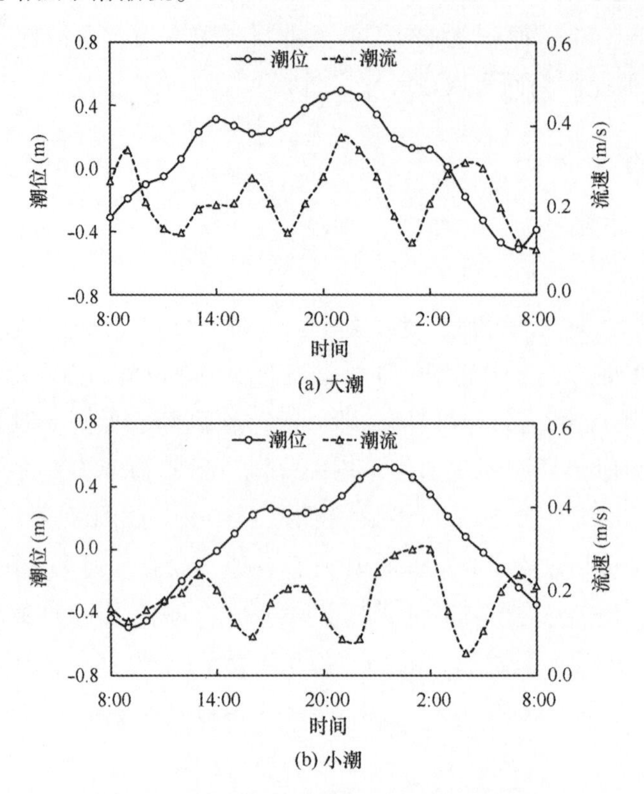

图 1.6　秦皇岛海域典型潮位与潮流过程曲线

3）波浪

秦皇岛面朝渤海，属开放性海域，故波浪是塑造海岸动力地貌的重要动力因素，对泥沙输运和地貌沉积的影响不可忽视。该海域以风浪为主，风浪及以风浪为主的混合浪频率为 75%，涌浪及以涌浪为主的混合浪约为 22%。对北戴河老虎石外设立的波浪浮标站 2011—2014 年观测数据进行统计分析（见图 1.7），无浪频率约为 1.50%，常浪向 SE 向频率为 21.30%；次常浪向 SSE 向和 S 向，出现频率分别为 19.03%和 18.65%。强浪向为 SSW 向，实测最大波高 2.7 m，波高大于 1 m 的波浪出现频率为 0.04%，对应波能约占总波能的 1.48%；次强浪来自 S 向和 SW 向，波高大于 1 m 的波浪出现频率均为 0.04%，对应波能约占总波能的 1.35%和 1.10%。该海域有效波高不超过 1 m 的中小波浪出现频率为 98.25%，汇集 93.60%的总波能，其中小于 0.5 m 的波浪出现频率为 89.15%，波能约占总波能的 51.58%，可见北戴河近岸海域对动力地貌演变起控制作用的主要是波高不超过 1 m 的中小波浪。

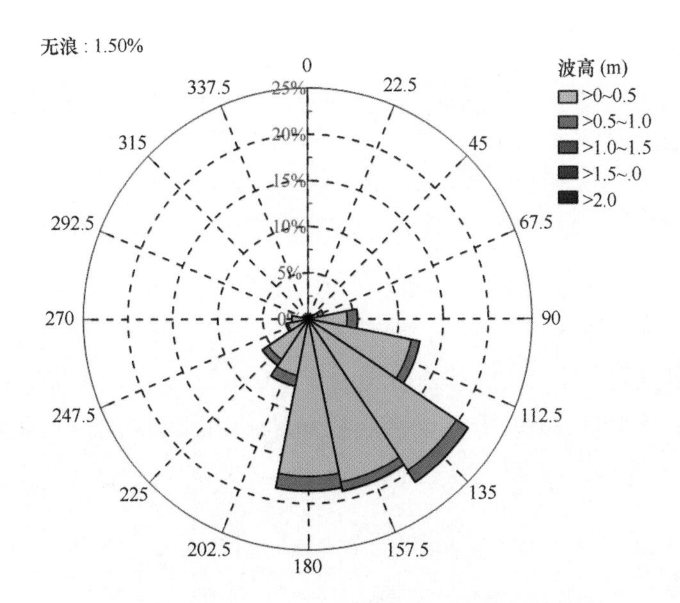

图 1.7　2011—2014 年北戴河浮标站波浪玫瑰图

1.2　社会经济概况[8]

2013 年年末，按户籍统计秦皇岛市总人口 304.52 万人，较上年末增加 2.36 万人。2013 年全市实现生产总值 1 168.75 亿元，比上年增长 7.0%。其中，第一产业增加值 171.46 亿元，增长 4.4%；第二产业增加值 447.57 亿元，增长 6.5%；第三产业增加值 549.72 亿元，增长 7.9%。从对全市经济的贡献情况看，第三产业贡献率最高，第二产业特别是工业的低速增长是制约全市经济发展的主要原因。三次产业之比为 14.7∶38.3∶47.0。按常住人口计算全市人均生产总值 38 530 元，增长 6.3%。

2013 年全市实现农林牧渔业总产值 305.53 亿元，比上年增长 4.4%。全年粮食总产量达 84.40×10^4 t，比上年增长 4.3%。蔬菜、瓜果类生产均实现平稳增长，全年蔬菜总产量达 317.77×10^4 t，比上年增长 5.1%；瓜果类总产量 4.42×10^4 t，增长 4.7%。畜禽生产形势较好，主要畜产品存栏、出栏以及产量较上年均有不同程度的增长，其中猪出栏 258.81 万头，增长 3.0%；存栏 148.98 万头，增长 6.6%；猪肉产量 20.98×10^4 t，增长 3.7%。渔业生产实现较快增长，全年渔业总产量达 32.01×10^4 t，比上年增长 16.6%。

2013 年，工业生产受整体经济增长放缓、出口疲软、内需不振等因素影响，处于低速运行态势。全年规模以上工业累计实现增加值 353.26 亿元，比上年增长 2.1%；全市规模以上工业企业实现利润总额 24.38 亿元，比上年增长 1.3 倍，增速在全省各市中居第一位；实现税金 48.48 亿元，增长 21.4%。分轻重工业看，轻工业累计完成工业增加值 53.79 亿元，比上年下降 5.9%；重工业完成增加值 299.47 亿元，增长 3.7%。分行业看，汽车制造业保持高速增长，增幅为 41.2%，是拉动工业增长的主要因素。黑色金属冶炼及压延加工业增加值虽然实现了5.3%的小幅增长，但增速比上年低15.6个百分点，是制约工业增长的主要行业。从支柱产业看，食品加工、玻璃制造、金属冶炼及压延、装备制造四大支柱行业完成增加值258.7亿元，比上年增长3.7%，对工业经济增长的贡献率达到124.9%。其中装备制造业实现增加值125.5亿元，增长8.0%，贡献率达123.5%。

2013年年底全市公路通车总里程达到8 859 km，高速公路通车里程达到279 km。港口货物吞吐量扭转了下降局面，实现小幅回升。全市港口货物吞吐量达到2.73×10^8 t，比上年增长0.6%；集装箱吞吐量38.78万箱，增长12.8%。地方道路运输增长乏力，全市公路货运量$5\ 225\times10^4$ t，比上年增长5.9%；公路客运量2 051万人，下降2.8%；地方铁路货运量完成481.10×10^4 t，下降3.7%。积极培育航线航班，山海关机场客货运量实现快速增长，全年完成旅客吞吐量20.79万人次，比上年增长33.8%；完成货邮吞吐量920 t，增长51.8%。

1.3 海洋资源概况

1.3.1 渔业资源[9,10]

北戴河及周边县区有12个乡镇，115个村庄，2万余人从事海洋渔业生产。共有捕捞渔船3 000余艘，船只结构以20马力小船为主，共有渔港7座，即昌黎七里海、大蒲河、抚宁洋河口、北戴河戴河口、海港区新开河、东港、山海关沟渠寨。其中七里海渔港最大。全市每年捕捞产量在5×10^4 t左右，主要捕捞品种有贝类、螃蟹、章鱼、鲅鱼、鲈鱼、虾蛄等。

秦皇岛区海域北起与辽宁交界，南起与唐山分界的滦河口，岸段自北向南包括山海关区、海港区、北戴河区、抚宁区、昌黎县。秦皇岛近岸海区坡降大，近岸浅海大部分为砂质底质。岸边向海水深0~5 m面积13 040 hm^2，向海水深5~12 m面积1 909 300 hm^2。岸边向海水深0~5 m可用于养殖的面积为6 090 hm^2，向海水深5~12 m可用于养殖的面积68 240 hm^2。养殖功能用海为洋河口渔港航道以南至滦河口唐山分界以北的海域，底栖生物丰富，水体透明度高，水质良好，符合渔业水质标准。该区域是主要的海水筏式养殖区，养殖种类最早为栉扇贝、紫贻贝，后发展为以海湾扇贝为主要品种，2013年扇贝养殖面积增至4×10^4 hm^2。

表1.4显示了2008年全市的养殖区面积、产量和种类所占比率。养殖种类方面，秦皇岛市贝类养殖面积最大为37 300 hm^2，占秦皇岛市总养殖面积的82.89%，贝类产量108 596 t，占全市养殖产量的98.03%。秦皇岛的养殖模式有：①池塘养殖，养殖面积为4 407 hm^2，主要分布在昌黎七里海周边和赤洋口一带。养殖种类有红鳍东方鲀、日本对虾、三疣梭子蟹、海参、海蜇等；②底播养殖，养殖面积2 700 hm^2，主要养殖菲律宾蛤仔、文蛤、毛蚶；③浅海筏式养殖，养殖面积37 943 hm^2，养殖区在洋河口渔港航道以南至滦河口以北浅海；④工厂化养殖，养殖水体233 550 m^2，养殖品种有褐牙鲆、大菱鲆、半滑舌鳎、

美国红鱼等；⑤人工育苗，育苗水体为 9 000 m^3，年繁育红鳍东方鲀鱼种 292 万尾，牙鲆苗种 200 万尾、虾类苗种 2 亿尾、扇贝苗 30 亿粒、海参苗 1.3 亿头。

随着沿海经济及海水增养殖的发展，陆源污染物的排放以及养殖区自身的污染都对养殖区的环境质量产生了不利影响，导致水质污染的逐步加剧。崔力拓等[10]根据 2000—2010 年的监测数据，采用模糊综合评价法和单因子污染指数法对海水养殖区水质的时空变化特征和质量状况进行了研究与评价。河北省海洋环境监测中心于 2000—2010 年对秦皇岛市昌黎七里海浅海扇贝养殖区、抚宁南戴河扇贝养殖区进行了监测。每个养殖区内设 7 个站位，分别于每年的 7 月、8 月、9 月进行 3 次监测。水质监测分析方法按照《海水增养殖区监测技术规程》进行。根据海水水质模糊综合评价方法和水质优劣指数计算方法，对秦皇岛海水养殖区的水质进行了评价，结果见表 1.5 和图 1.8。

表 1.4　2008 年秦皇岛市海水增养殖开发面积、产量、种类所占比率的组成

海洋面积（hm^2）	鱼类养殖面积（hm^2）	鱼类占全市养殖面积（%）	虾蟹类养殖面积（hm^2）	虾蟹类占全市养殖面积（%）	贝类养殖面积（hm^2）	贝类占全市养殖面积（%）
45 000	5 367	11.93	2 333	5.18	37 300	82.89
海水养殖产量（t）	鱼类（t）	鱼类占全市养殖产量（%）	虾类（t）	虾类占全市养殖产量（%）	贝类（t）	贝类占全市养殖产量（%）
110 773	1 647	1.49	530	0.48	108 596	98.03

表 1.5　海水水质优劣指数

年份	2000	2001	2002	2003	2004	2005	2006	2007	2008	2009	2010
昌黎	3.09	3.25	3.20	3.19	3.02	3.39	3.33	3.06	2.40	2.37	2.00
南戴河	2.25	2.19	2.17	2.15	2.00	2.07	2.49	2.30	1.24	1.25	1.08

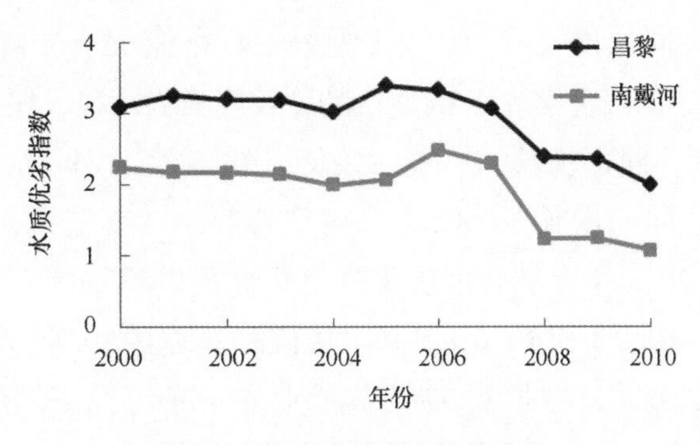

图 1.8　海水水质优劣指数变化

秦皇岛市养殖区水质优劣指数变化范围在 1.08~3.39 之间，平均为 2.44，为二类水质。综合 11 年来海水养殖区水质评价结果来看，两个养殖区时间上变化趋势基本一致，2005—2007 年河北省海水养殖区水质较差，2008—2010 年水质状况较好，无三类水质出现。

1.3.2 海洋旅游资源

北戴河气候宜人，海岸地貌特点突出，海洋资源丰富，自然景观和人文景观多姿多彩，形成了独特的资源环境优势。随着区域经济的快速发展，北戴河海域承受的压力也愈来愈大，尤其是海岸侵蚀、沙滩退化等问题日益严峻。近50年来，北戴河海滩蚀退已达近百米，滩面下蚀2~3 m，特别是2000年以来，海滩退化速度加快，部分海滩已经失去浴场功能，作为北戴河海滨特色的“金沙滩”逐渐消失，沿岸建筑物正在遭受海浪破坏。

为了遏制北戴河海滩蚀退、变陡、粗化的状况，秦皇岛政府自2008年开始在东海滩、中海滩和西海滩陆续开展不同规模、范围的海滩养护工程。经过多年的工程实践，工程形态也从单一的滩面补砂向软硬体工程结合的多形态发展，工程效果和有效维护时间不断提升，有效地控制了北戴河海滩侵蚀趋势。三个海滩的养护工程除了进行直接的滩肩补砂外，通常结合硬体岬头工程，借助岬湾海岸形状特征，通过在天然岬头处构建人工岬头来延长岬头长度，以在岬头掩蔽区形成静态平衡岬湾的方法来保护填砂；作为以旅游为主的海滩，为了防止岬湾内的水质恶化和海滩景观的破坏，在人工岬头的靠岸端留有潮汐通道，并降低人工岬头的堤顶高程到低潮位以下，保证近岸水体的交换能力；有些范围较大的海滩在海滩中部建有离岸沙坝或离岸鱼礁潜堤来保护人工岬头掩蔽区以外的海滩。

北戴河背靠树木葱郁的联峰山，气候宜人，自然环境优美，先后被评为国务院首批公布的国家级重点风景名胜区、全国园林城市、中国优秀旅游胜地40佳、首批中国优秀旅游城市。旅游业是区内优势产业和主导产业，全区现已形成联峰山、鸽子窝、碧螺塔、中海滩四大风景区，共有50多个景点。北戴河区海岸线长18.4 km，沿海沙软潮平，海水明澈，是中国北方理想的海浴场所，区内已建成各类专业浴场和公共浴场31个。

2011年秦皇岛市接待游客达2 127万人次，国内游客2 101万人次，同比增长12.9%，国外游客26.4万人次，同比增长9.1%，门票收入4.34亿元，实现旅游总收入172亿元，创汇15 025万美元，“中国滨海名城”的城市品牌效应强势凸显。2012年秦皇岛市共接待国内游客2 313.03万人次，同比增长10.1%；接待海外游客28.64万人次，同比增长8.3%；旅游创汇1.69亿美元，同比增长12.8%；景区门票收入3.5亿元，旅游总收入202.35亿元，同比增长17.1%。2013年秦皇岛市接待国内外游客2 595.68万人次，实现旅游总收入256.32亿元，分别增长10.9%和19.6%。其中接待海外游客29.85万人次，增长4.2%；实现旅游外汇收入1.81亿美元，增长6.6%。旅游业在秦皇岛经济发展中已有举足轻重的地位，成为秦皇岛的支柱产业之一，是秦皇岛经济的重要增长点。

1.4 秦皇岛海域相关规划

1.4.1 秦皇岛海洋功能区划

《河北省海洋功能区划》（2014 年）将河北省海域共划分为 62 个功能区，其中一级类 8 个。港口航运区是指适于开发利用港口航运资源，可供港口、航道和锚地建设的海域，包括港口区、航道区、锚地区等。港口区执行不劣于四类海水水质标准、不劣于三类海洋沉积物和海洋生物质量标准，航道区、锚地区执行不劣于三类海水水质标准、不劣于二类海洋沉积物和海洋生物质量标准，其他港用海域执行不劣于二类海水水质标准、一类海洋沉积物和海洋生物质量标准（邻近海域生态敏感区的港口航运区应提高海域环境质量标准）。

旅游休闲娱乐区是指适于开发利用滨海和海上旅游资源，可供旅游景区开发和海上文体娱乐活动场所建设的海域，包括风景旅游区和文体休闲娱乐区。风景旅游区执行不劣于二类海水水质、海洋沉积物和海洋生物质量标准，文体休闲娱乐区执行不劣于二类海水水质标准、一类海洋沉积物和海洋生物质量标准。

工业与城镇用海区是指适于发展临海工业与滨海城镇的海域，包括工业用海区和城镇用海区。注重功能区的生态利用、生态系统维护和对毗邻功能区的保护，严格控制在各类海洋保护区、湿地公园、重要湿地以及具有重要生态功能和保护价值的近海与海岸生态敏感区进行围填海活动。严格实施废弃物达标排放，执行不劣于三类海水水质标准、不劣于二类海洋沉积物和海洋生物质量标准。

海洋保护区是指专供海洋资源、环境和生态保护的海域，包括海洋自然保护区和海洋特别保护区。海洋自然保护区执行一类海水水质、海洋沉积物和海洋生物质量标准，海洋特别保护区执行各使用功能相应的海水水质、海洋沉积物和海洋生物质量标准。

农渔业区是指适于拓展农业发展空间和开发利用海洋生物资源，可供农业围垦、渔港和育苗场等渔业基础设施建设、海水增养殖和捕捞生产以及重要渔业品种养护的海域，包括农业围垦区、养殖区、增殖区、捕捞区、水产种质资源保护区、渔业基础设施区等。渔业基础设施区执行不劣于二类海水水质标准（渔港海域执行不劣于现状海水水质标准）、不劣于二类海洋沉积物和海洋生物质量标准，增养殖区执行不劣于二类海水水质标准、一类海洋沉积物和海洋生物质量标准，捕捞区和水产种质资源保护区执行一类海水水质、海洋沉积物和海洋生物质量标准。

秦皇岛海域从海洋功能区划上可分为张庄至汤河口海域和汤河口至滦河口海域。张庄至汤河口海域（见图 1.9）包括山海关区、海港区海域，海域面积 705.66 km^2，海岸线长 50.39 km，主要功能定位为港口航运、旅游休闲娱乐和工业与城镇用海。该海域的重点是保障秦皇岛港“西港搬迁”建设、秦皇岛港山海关港区建设、近岸旅游设施建设和临港工业用海需求，保护与修复老龙头附近基岩海岸生态系统和石河口至沙河口、新开河口至东山旅游码头砂质海岸生态系统。

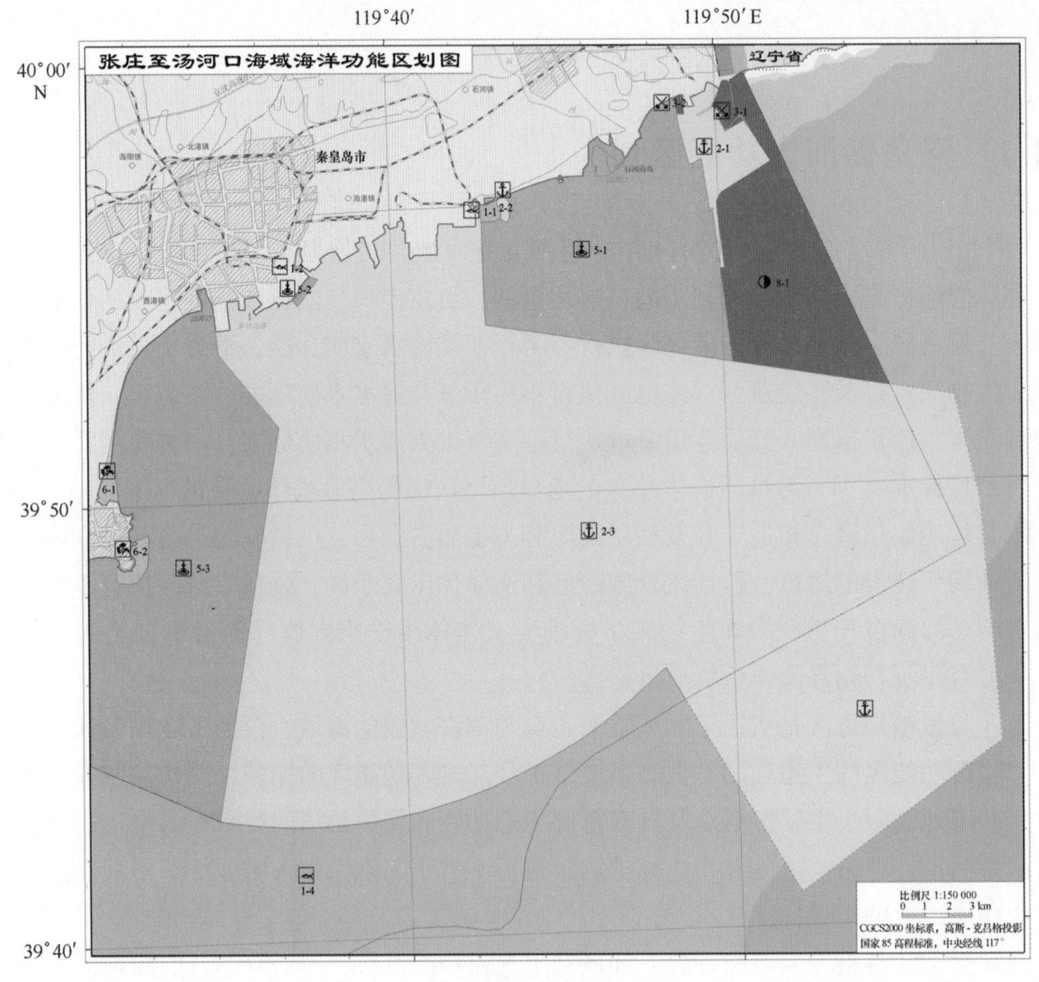

功能区名称

代码	名称
1-1	沟渠寨农渔业区
1-2	新开河农渔业区
1-4	洋河口至新开口农渔业区
2-1	山海关港口航运区
2-2	沙河口港口航运区
2-3	秦皇岛港口航运区
3-1	山海关工业与城镇用海区
3-2	哈动力西工业与城镇用海区
5-1	山海关旅游休闲娱乐区
5-2	秦皇岛东山旅游休闲娱乐区
8-1	山海关保留区

图 1.9　张庄至汤河口海域海洋功能区划图

汤河口至滦河口海域（图 1.10）包括北戴河区、抚宁区、昌黎县海域，海域面积 1 099.61 km^2，海岸线长 112.28 km，主要功能定位为海洋保护、旅游休闲娱乐和农渔业用海。

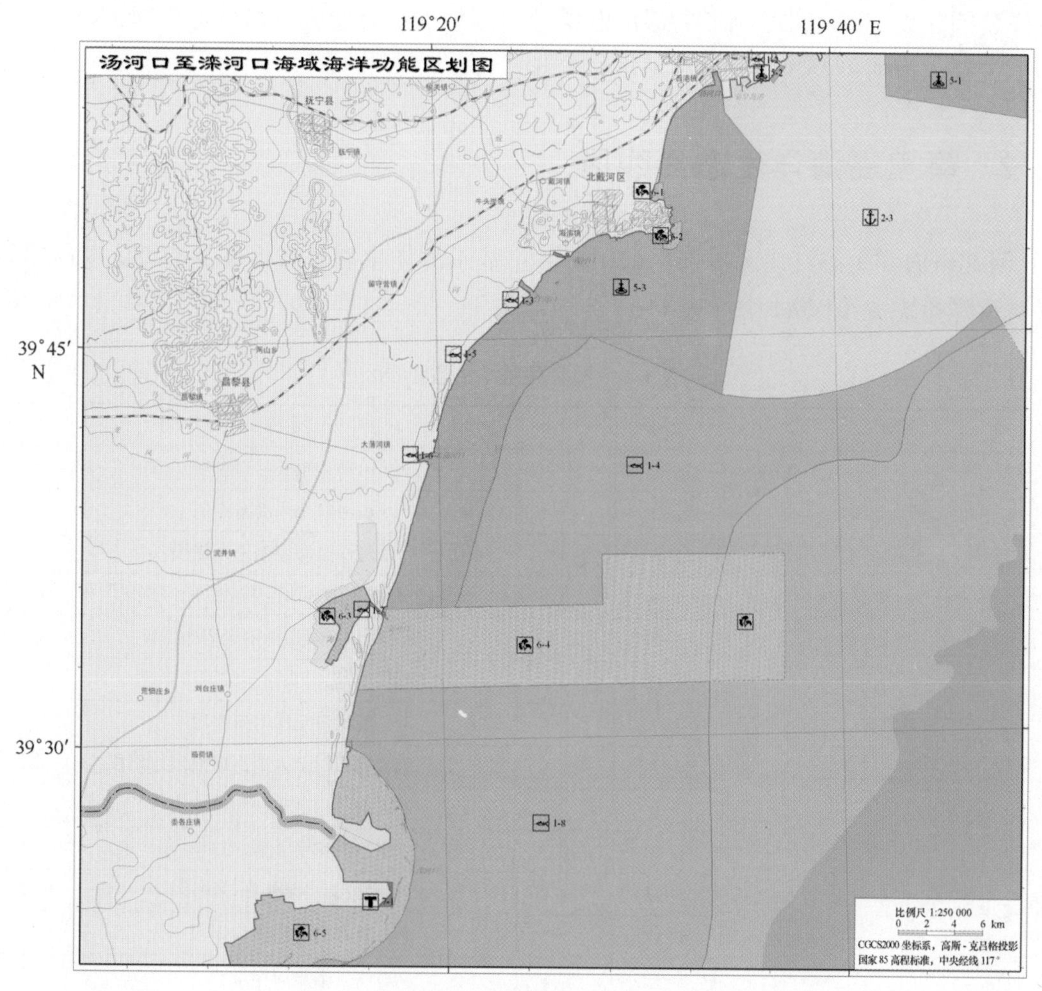

功能区名称

代码	名称
1-3	洋河口农渔业区
1-4	洋河口-新开口农渔业区
1-5	人造河口农渔业区
1-6	大蒲河口农渔业区
1-7	新开口农渔业区
1-8	滦河口农渔业区
5-3	北戴河旅游休闲娱乐区
6-1	赤土河口海洋保护区
6-2	金山嘴海洋保护区
6-3	七里海海洋保护区
6-4	黄金海岸海洋保护区
6-5	滦河口海洋保护区

图 1.10　汤河口至滦河口海域海洋功能区划图

海域重点保障海洋保护区建设、北戴河新区建设、旅游娱乐设施建设和海洋管理基础设施建设用海需求。加强昌黎黄金海岸国家级自然保护区、北戴河鸟类自然保护区和北戴河海蚀地貌海洋公园建设，实施北戴河旅游岸滩和滦河口湿地保护与修复、昌黎七里海潟湖生态综合整治、主要入海河口及浅海养殖区环境综合整治。

1.4.2 秦皇岛海洋生态红线区

《河北省海洋生态红线区报告》(2014 年) 基于海洋生态红线区识别标准，确定了河北省各类海洋生态红线区 44 个（表 1.6）。

表 1.6 秦皇岛海洋生态红线区

类型	编号	名称
自然岸线	1-1	哈动力至石河口岸段
	1-2	石河口至乐岛东岸段
	1-3	乐岛西至海监基地东岸段
	1-4	秦皇岛港东港区西至秦皇岛船厂岸段
	1-5	新开河口至秦皇岛港老码头岸段
	1-6	汤河口游船码头西至戴河口岸段
	1-7	戴河口至洋河口岸段
	1-8	碧海蓝天度假村至人造河口渔港东岸段
	1-9	人造河口至东沙河口岸段
	1-10	东沙河口至大蒲河口岸段
	1-11	大蒲河口至新开口岸段
	1-12	新开口至塔子口岸段
	1-13	七里海岸段
海洋保护区	2-1	北戴河湿地公园
	2-2	昌黎黄金海岸保护区
重要河口生态系统	3-1	石河河口生态系统
	3-2	滦河河口生态系统
重要渔业海域	5-1	秦皇岛海域种质资源保护区
	5-2	南戴河海域种质资源保护区
	5-3	昌黎海域种质资源保护区
自然景观与历史文化遗迹	6-1	老龙头
	6-2	秦皇求仙入海处
	6-3	金山嘴海蚀地貌

续表 1.6

类型	编号	名称
重要滨海旅游区	7-1	山海关旅游区
	7-2	东山旅游区
	7-3	北戴河旅游区
重要砂质岸线	8-1	哈动力至铁门关岸段
	8-2	老龙头至石河口岸段
	8-3	石河口至乐岛东岸段
	8-4	乐岛西至海监基地东岸段
	8-5	秦皇岛港东港区西至秦皇岛船厂岸段
	8-6	新开河口至东山旅游码头岸段
	8-7	汤河口游船码头西至新河口岸段
	8-8	鸽子窝至海上音乐厅岸段
	8-9	北戴河旅游码头至小东山岸段
	8-10	小东山至北戴河 36 号楼岸段
	8-11	金山嘴至戴河口岸段
	8-12	戴河口至洋河口岸段
	8-13	碧海蓝天至人造河口渔港东岸段
	8-14	人造河口至东沙河口岸段
	8-15	大蒲河口至新开口岸段
	8-16	新开口至塔子口岸段
沙源保护海域	9-1	金山嘴至新开口海域
	9-2	新开口至滦河口海域

1.4.2.1 秦皇岛海洋生态红线区划分

秦皇岛市自然岸线共 13 段，总长 78.32 km，占全省自然岸线总长的 80.57%，占全市岸线总长的 48.14%。各类海洋生态红线区 44 个（其中 1 个与唐山市共有），面积 1 149.57 km^2，占全省红线区总面积的 61.12%，占全市管辖海域面积的 63.68%，其中海洋保护区类生态红线区 2 个，面积 337.45 km^2，占全省同类生态红线区总面积的 88.73%，占全市红线区总面积的 29.35%；重要河口生态系统类生态红线区 2 个，面积 2.66 km^2，占全省同类生态红线区总面积的 14.72%，占全市红线区总面积的 0.23%；重要渔业海域类生态红线区 3 个，面积 209.61 km^2，占全省同类生态红线区总面积的 55.13%，占全市红线区总面积的 18.23%；自然景观与历史文化遗迹类生态红线区 3 个，面积 0.70 km^2，占全省同类生态红线区总面积的 100%，占全市红线区总面积的 0.06%；重要滨海旅游区类生态红线区 3 个，面积 326.06 km^2，占全省同类生态红线区总面积的 67.30%，占全市红线区总面积的 28.36%；重要砂质岸线 16 段，长 54.08 km，占全省同类生态红线区的 100%；沙源保护海域类生态红线区 2 个，面积 273.10 km^2，占全省同类生态红线区总面积的 52.26%，占全市红线区总面积的 23.76%。

1.4.2.2 海洋生态红线区管控措施

1）总体管控措施

海洋生态红线区分为禁止开发区和限制开发区。禁止开发区为海洋自然保护区的核心区和缓冲区。依据《中华人民共和国海洋环境保护法》、《中华人民共和国自然保护区条例》和《海洋自然保护区管理办法》等有关法律法规，实施保护管理，区内禁止实施各种与保护无关的工程建设和开发利用活动。

限制开发区为海洋生态红线区内除禁止开发区以外的其他区域。在符合海洋功能区划功能定位，且不导致环境质量的下降和生态功能损害的前提下，区内允许适度开发利用，但须严格控制开发规模和强度；对未落实项目（“生态红线”颁布实施后未经审批的项目）的区域，实行严格限批制度；对区域内正在办理的、与该区域管控目标不相符的项目，停止审批；对区域内已经完成审批流程但未具体实施建设的，或已经开工建设但与该区域管控目标不相符的项目，应停止该项目建设，重新选址；对区域内已运营投产但与该区域管控目标不相符的项目，责令进行等效异地生态修复；对区域内未经海洋主管部门审核通过且与该区域管控目标不相符的项目，责令恢复原貌，并对期间造成的生态损失予以补偿。严格执行海洋环境质量控制指标，严格控制河流入海污染物排放；通过实施可行的整治修复措施，促进区域生态功能的改善和提高。

2）自然岸线管控措施

严格保护岸线的自然属性和海岸原始景观，禁止在海岸退缩线（海岸线向陆一侧500 m或第一个永久性构筑物或防护林）内和潮间带构建永久性建筑、围填海、挖砂、采石等改变或影响岸线自然属性和海岸原始景观的开发建设活动；禁止新设陆源排污口，严格控制陆源污染排放；清理不合理岸线占用项目，实施岸线整治修复工程，恢复岸线的自然属性和景观。

3）海洋保护区管控措施

加强海洋保护区建设与管理，维护、恢复、改善海洋生态环境和生物多样性，保护自然景观。自然保护区的核心区、缓冲区和特别保护区的重点保护区、预留区为禁止开发区，区内不得建设任何生产设施和工程建设活动，无特殊原因，禁止任何单位或个人进入。自然保护区的实验区和特别保护区的资源恢复区、环境整治区内实施严格的区域限批政策，严控开发强度，不得建设有污染自然环境、破坏自然资源和自然景观的生产设施及建设项目。在生态受损区域，实施海域海岛海岸带保护与整治修复，保护与恢复海洋生态环境。实施严格的水质控制指标，严格控制河流入海污染物排放，执行一类海水水质标准、海洋沉积物标准和海洋生物质量标准。

4）重要河口生态系统管控措施

禁止开展采挖海砂、围填海、设置直排排污口等破坏河口生态功能的开发活动；实施严格的水质控制指标，严格控制河流入海污染物排放。在受损退化的重要河口，采用河口人工湿地构建、上游综合治理、河口清淤、清障等工程措施，修复受损河口生境和自然景观，逐步恢复河口生态系统功能，保障行洪安全。

5）重要渔业海域管控措施

禁止围填海、截断洄游通道、设置直排排污口等开发活动，在重要渔业资源的产卵育幼期禁止从事捕捞、爆破作业以及其他可能对水产种质资源保护区内生物资源和生态环境造成损害的活动；实施养殖区综合整治，合理布局养殖空间，控制养殖密度，防治养殖自身污染和水体富营养化，加强水产种质资源保护，防止外来物种侵害，维持海洋生物资源可持续利用，保持海洋生态系统结构和功能稳定；在渔业资源退化的重要渔业区域，采取人工鱼礁、增殖放流、恢复洄游通道等措施，有效恢复渔业生物种群；执行一类海水水质标准、海洋沉积物标准和海洋生物质量标准。

6）自然景观与历史文化遗迹管控措施

禁止设置直排排污口、爆破作业等危及历史文化遗迹安全、有损海洋自然景观的开发活动；推进以自然景观与历史文化遗迹为保护对象的海洋特别保护区（海洋公园）建设，保护历史文化遗迹、独特地质地貌景观及其他特殊原始自然景观完整性；实施基岩岸滩、砂质岸滩综合整治，恢复、改善海洋环境和自然景观。

7）重要滨海旅游区管控措施

禁止开展污染海洋环境、破坏岸滩整洁、排放海洋垃圾、引发岸滩蚀退等损害公众健康、妨碍公众亲水活动的开发活动；旅游区建设应合理控制规模，优化空间布局，有序利用岸线、沙滩、海岛等重要旅游资源，严格控制旅游基础设施建设的围填海规模；按生态环境承载能力控制旅游发展强度，保护海岸生态环境和自然景观；开展海域海岛海岸带综合整治，修复受损海滨地质地貌遗迹，养护重要海滨沙滩浴场，改善海洋环境质量；实施严格的水质控制指标，严格控制入海污染物排放，执行不劣于二类海水水质标准、一类海洋沉积物标准和海洋生物质量标准。

8）重要砂质海岸和沙源保护海域管控措施

禁止开展可能改变或影响沙滩、沙源保护海域自然属性的开发建设活动；禁止在砂质海岸退缩线（海岸线向陆一侧500 m或第一个永久性构筑物或防护林）以内和潮间带以及沙源保护海域内构建永久性建筑、采挖海砂、围填海、倾废等可能诱发沙滩蚀退的开发活动；实施严格的水质控制指标，严格控制入海污染物排放；实行海洋垃圾巡查清理制度，有效清理海洋垃圾。对已遭受破坏的砂质海岸，实施整治修复，恢复原有生态功能，海水水质符合所在海域海洋功能区的环境质量要求。

第 2 章　水动力与水环境特征

2.1　海域潮流特征

秦皇岛市沿岸的潮汐主要是由太平洋潮汐传入引起的，外海潮波通过渤海海峡进入渤海，遇岸反射从而形成沿岸波潮。半日潮波在渤海南部和北部各有一旋转潮波系统，北部的无潮点位于秦皇岛市外，南部的无潮点位于黄河口外。另外，在渤海海峡有一日潮无潮点，秦皇岛港处于半日分潮无潮点与日潮波腹地带。秦皇岛海域的潮汐比较复杂，按照调和常数计算，潮汐类型判别数为 4.73，属于正规日潮区，但实际上比正规日朝复杂得多。根据多年实测资料分析，每月出现日潮的天数，最多达 26 d，最少的只有 5 d；连续出现日潮天数最长的达 13 d，最短的为 3 d[11]。

2.1.1　实测潮流统计特征

2.1.1.1　2013 年 5 月大潮

河北省海洋环境监测中心于 2013 年 5 月 11 日 08：00 至 5 月 12 日 08：00 对秦皇岛海域进行了潮流测量，测站 10 个（SDL01~SDL10），各测站位置见图 2.1，潮流测量采用直读式海流计。

1）潮位过程

图 2.2 为 5 月 9 日 08：00 至 5 月 12 日 08：00 秦皇岛潮位站的实测潮位过程，可以看出整体上大潮比较符合日潮特性，但每天会有两次涨落潮，其中一次涨落潮潮差非常小，表现出秦皇岛海域潮汐的复杂特性。

2）潮流过程

整理得到潮流垂向平均流速过程、平均流向过程见图 2.3，统计流速见表 2.1。从中可以看出：

（1）秦皇岛海域的近岸海域的潮流具有较为明显的顺岸往复流特征，涨潮方向大致为

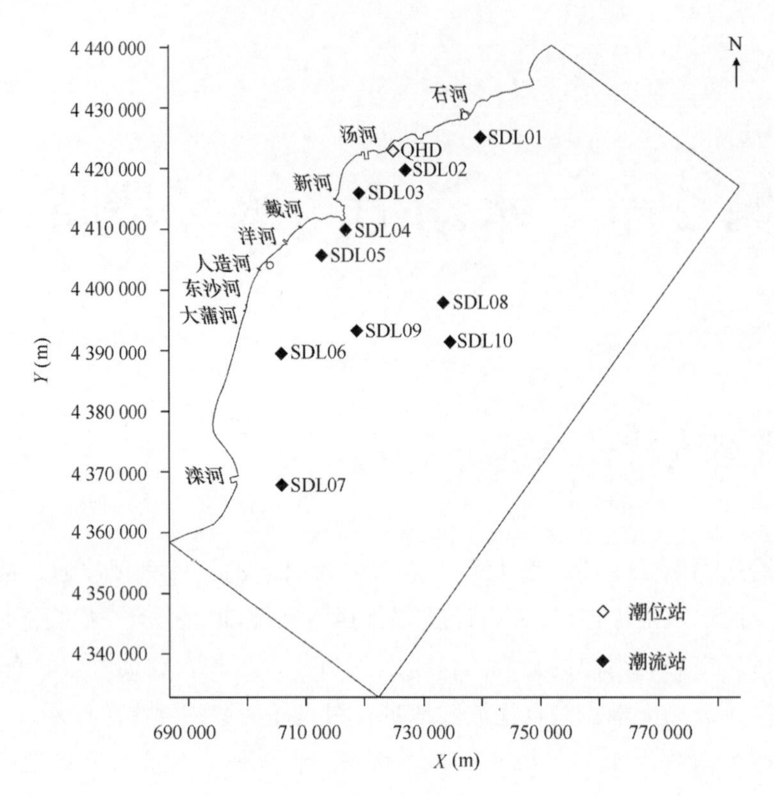

图 2.1　水动力监测站点分布

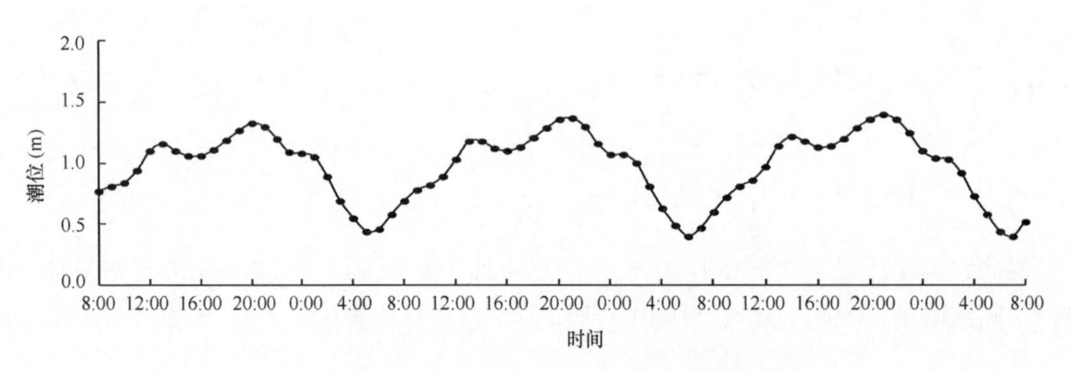

图 2.2　2013 年 5 月 9 日至 5 月 12 日秦皇岛实测潮位过程

西南方向，落潮方向大致为东北方向。

（2）流速最大值介于 0.30～0.60 m/s 之间，表明该近岸海区流速较弱。

（3）涨潮流速平均值介于 0.20～0.30 m/s 之间，涨潮流速最大值介于 0.30～0.60 m/s 之间；落潮流速平均值介于 0.19～0.28 m/s 之间，落潮流速最大值介于 0.25～0.43 m/s 之间。

（4）该海区整体流速较小，涨落潮流速大小差异不大，涨潮流速略大于落潮流速。

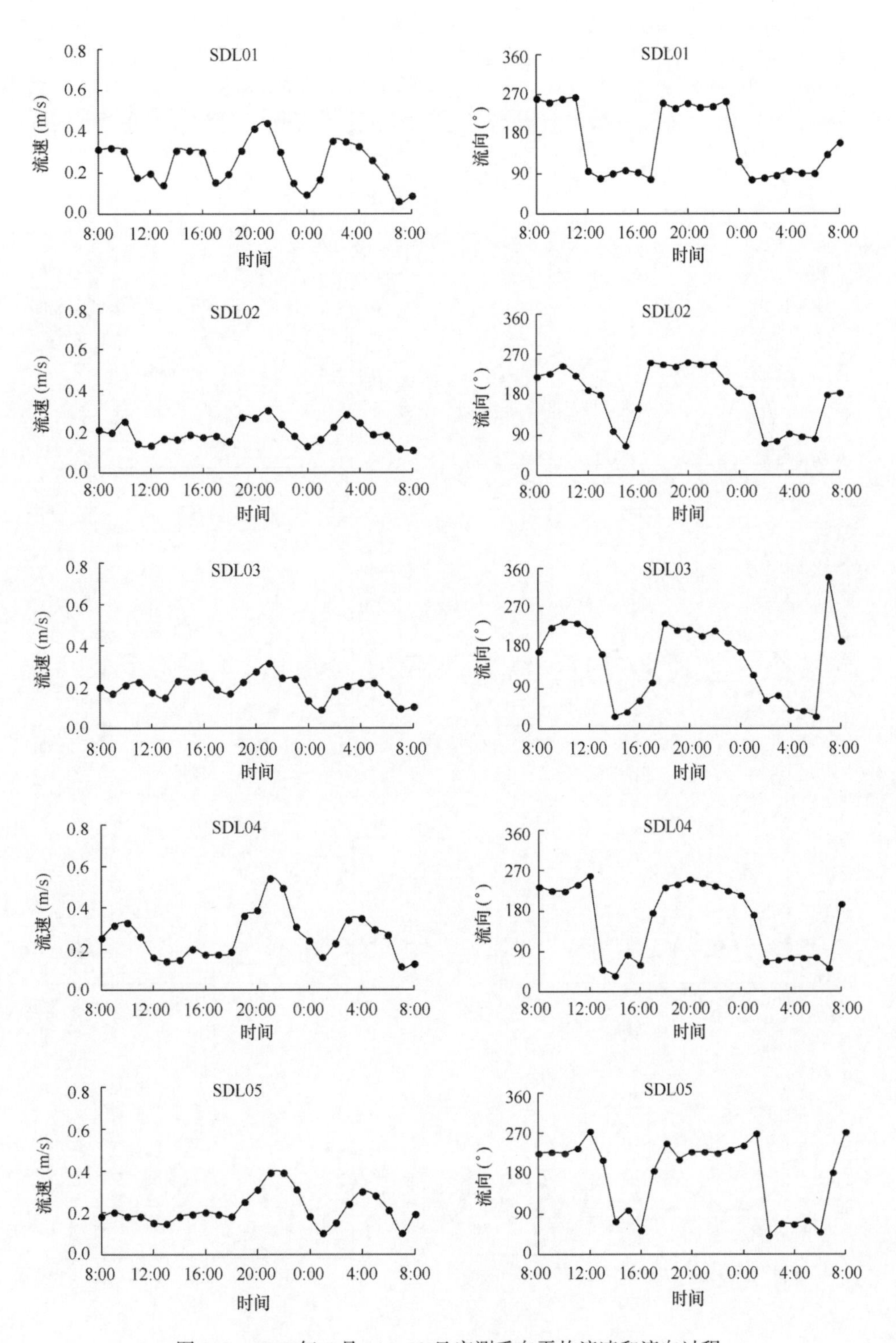

图 2.3　2013 年 5 月 11—12 日实测垂向平均流速和流向过程

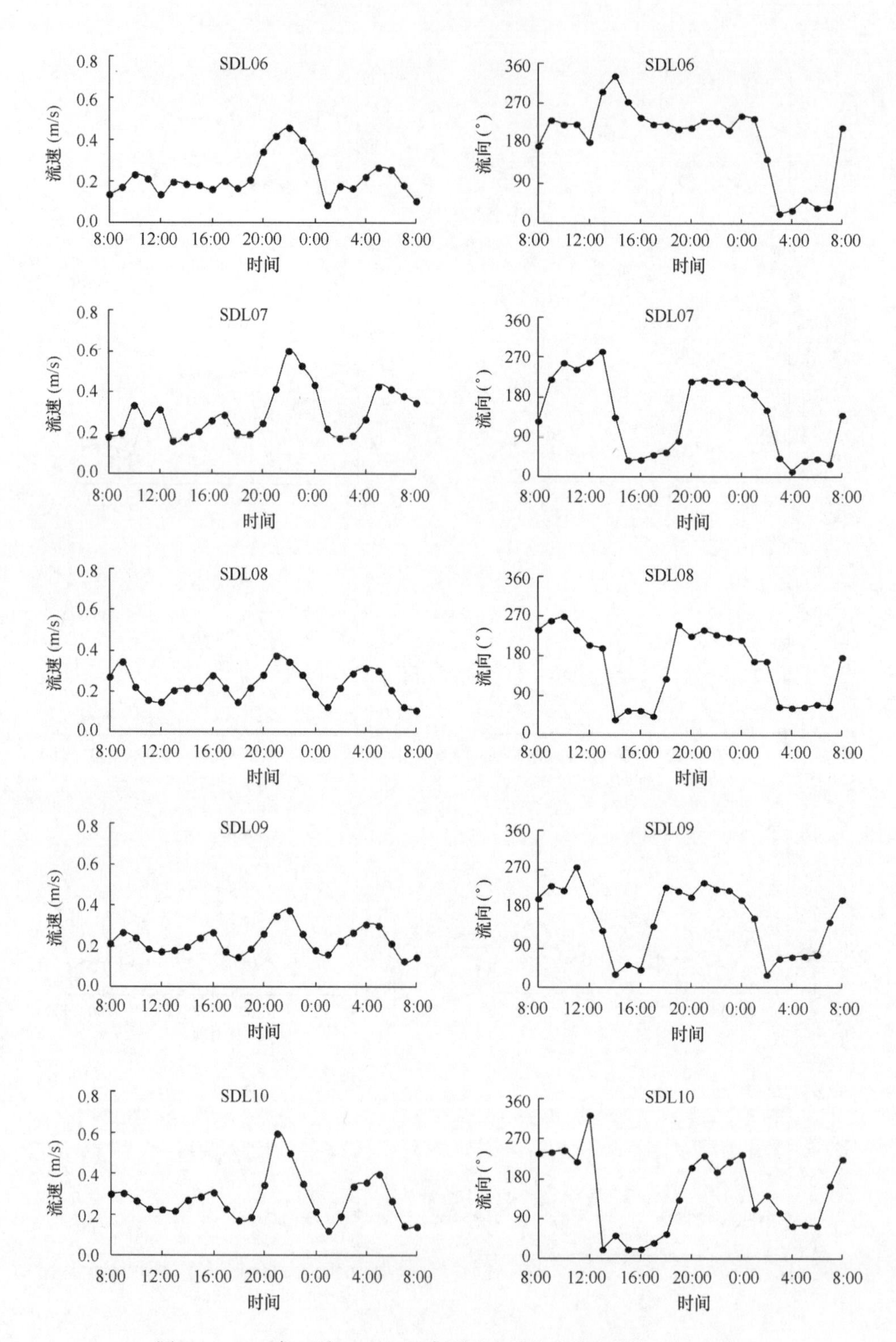

图 2.3　2013 年 5 月 11—12 日实测垂向平均流速和流向过程（续）

表2.1　2013年5月大潮各测站垂向平均流速和流向统计

测站		平均值	最大值	涨潮平均值	涨潮最大值	落潮平均值	落潮最大值
流速（m/s）	SDL01	0.25	0.44	0.26	0.44	0.24	0.35
	SDL02	0.19	0.30	0.20	0.30	0.19	0.28
	SDL03	0.20	0.32	0.20	0.32	0.20	0.25
	SDL04	0.26	0.54	0.29	0.54	0.22	0.35
	SDL05	0.22	0.39	0.22	0.39	0.21	0.30
	SDL06	0.22	0.46	0.25	0.46	0.19	0.27
	SDL07	0.30	0.60	0.30	0.60	0.28	0.43
	SDL08	0.23	0.37	0.23	0.37	0.23	0.31
	SDL09	0.23	0.37	0.23	0.37	0.22	0.31
	SDL10	0.28	0.59	0.29	0.59	0.26	0.40
流向（°）	SDL01			233	263	90	118
	SDL02			229	252	121	191
	SDL03			218	341	60	121
	SDL04			228	251	75	176
	SDL05			236	275	93	211
	SDL06			220	242	156	332
	SDL07			205	283	43	82
	SDL08			220	269	65	129
	SDL09			224	276	94	198
	SDL10			221	323	66	143

3）潮流垂向分布

测站SDL01、SDL02、SDL04、SDL07～SDL10采用垂向3层测流，SDL03、SDL05和SDL06采用垂向2层测流。绘制10个测站垂向各层的流速过程如图2.4所示，从中可以看出：

（1）各层流速流向过程与垂向平均流速流向过程相似。

（2）流速垂向分布总体以转流时刻为时间节点，基本表现出表层流速最大，底层最小的特点。

（3）流速总体呈现随潮差增大而增大的变化规律。

2.1.1.2　2013年5月小潮

本次潮流时段为2013年5月16日08：00至5月17日08：00，测站仍为SDL01～SDL10，采用直读式海流计测量。

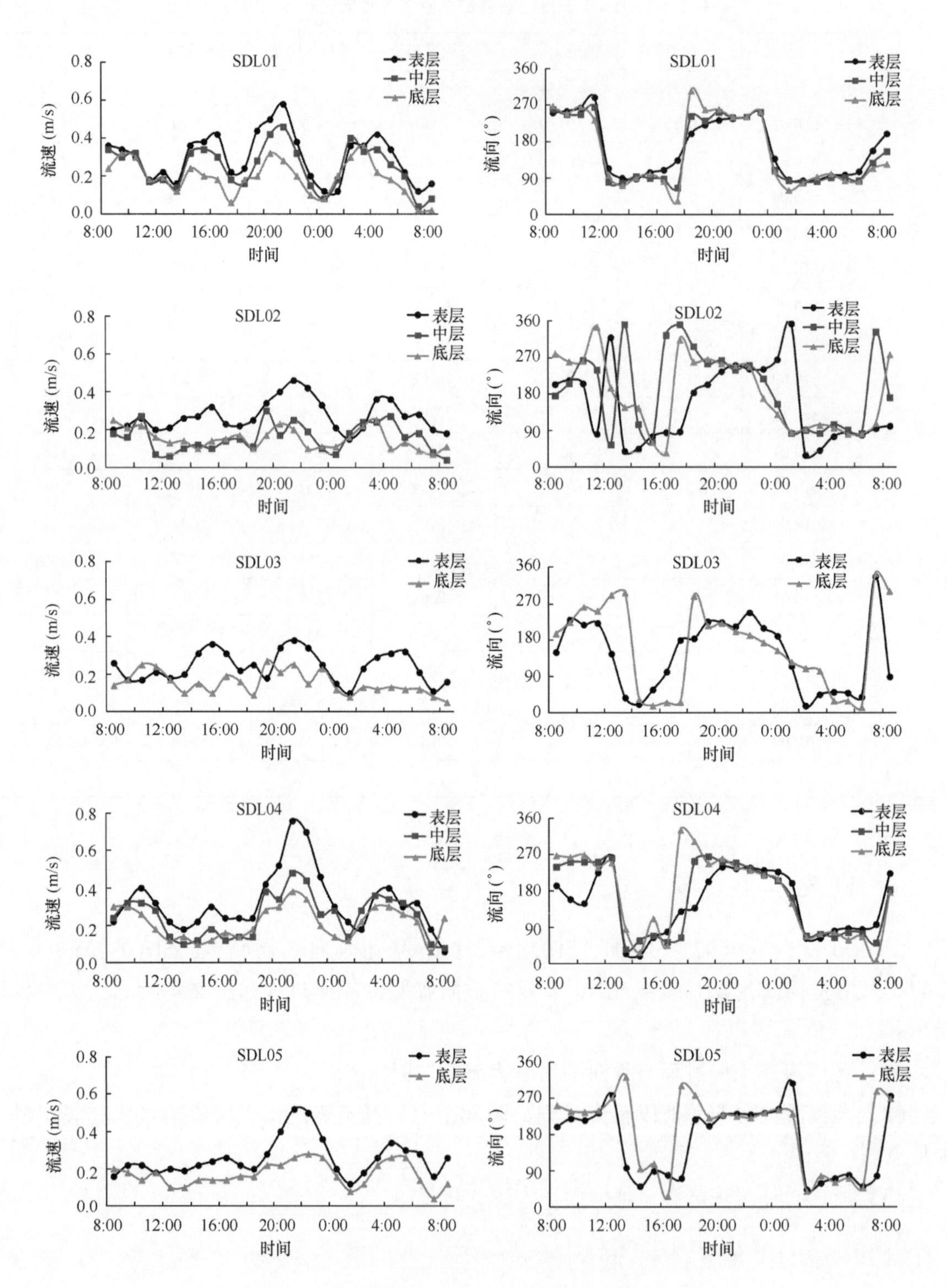

图 2.4　2013 年 5 月 11—12 日实测垂向各层流速过程

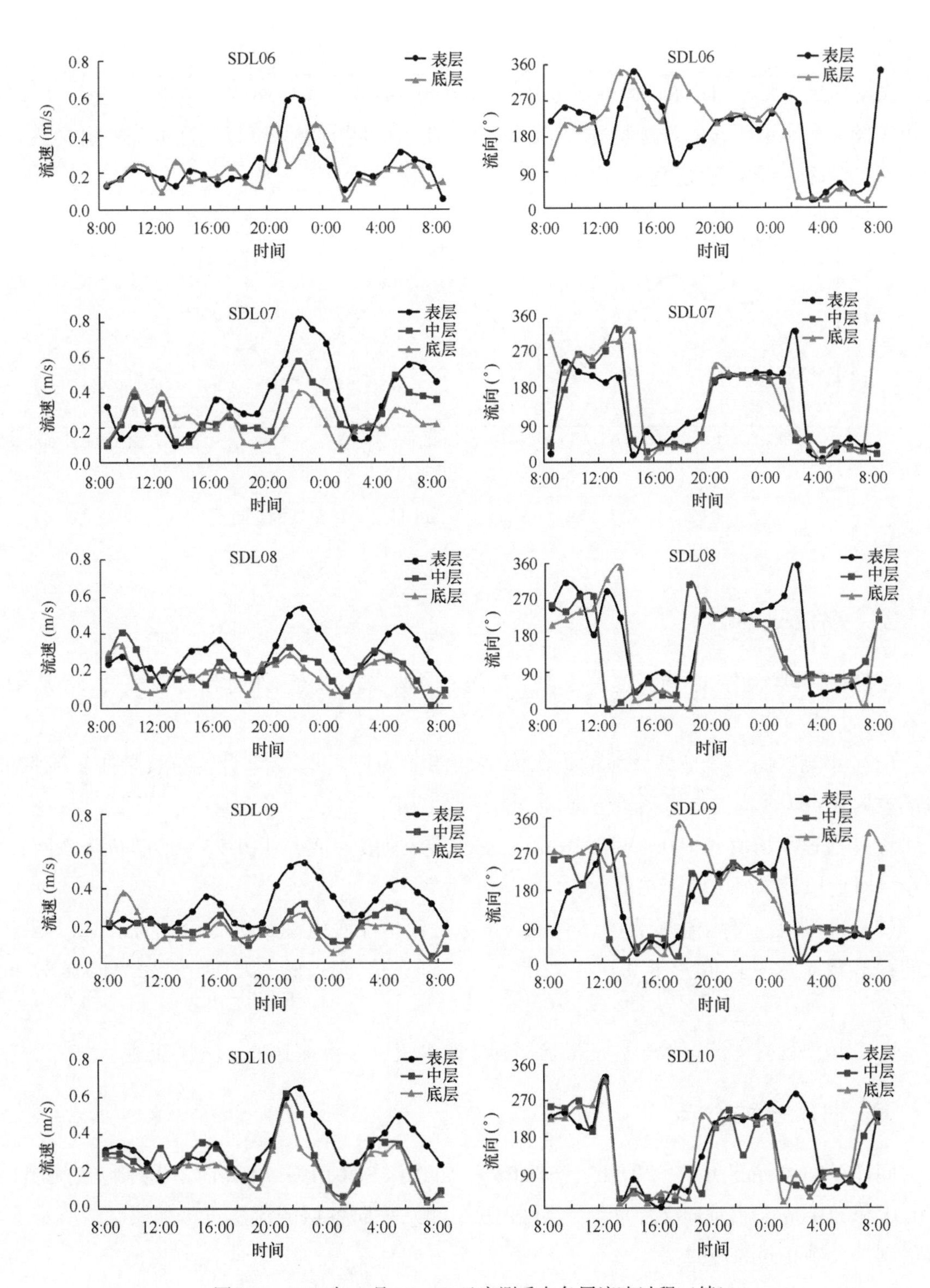

图 2.4　2013 年 5 月 11—12 日实测垂向各层流速过程（续）

1）潮位过程

图 2.5 为 5 月 15 日 08：00 至 5 月 18 日 08：00 秦皇岛潮位站的实测潮位过程。可以看出小潮较大潮有更明显的日潮特性，但仍然多一次短时间的落潮过程，这也反映出秦皇岛处于无潮点附近，潮位变化复杂。

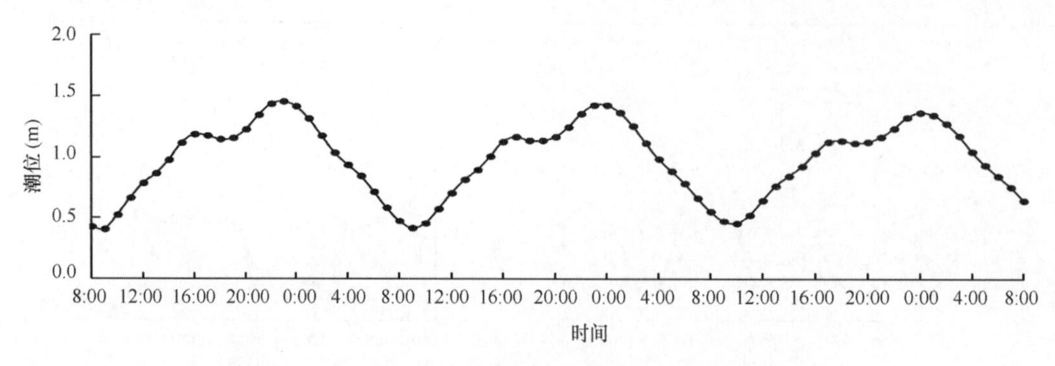

图 2.5　2013 年 5 月 15 日至 5 月 18 日秦皇岛实测潮位过程

2）潮流过程

整理得到潮流垂向平均流速过程、平均流向过程见图 2.6，统计流速见表 2.2。从中可以看出：

（1）小潮时期，秦皇岛海域的近岸海域的潮流同样具有较为明显的顺岸往复流特征，涨潮方向大致为西南方向，落潮方向大致为东北方向。

（2）流速平均值介于 0.13～0.26 m/s 之间，流速最大值介于 0.25～0.47 m/s 之间；表明小潮时期该近岸海区流速更弱。

（3）涨潮流速平均值介于 0.15～0.26 m/s 之间，涨潮流速最大值介于 0.25～0.47 m/s 之间；落潮流速平均值介于 0.09～0.25 m/s 之间，落潮流速最大值介于 0.24～0.37 m/s 之间。

（4）该海区整体流速较小，涨潮流略强于落潮流，小潮流速低于大潮流速。

3）潮流垂向分布

同样的，测站 SDL01、SDL02、SDL04、SDL07～SDL10 采用垂向 3 层测流，SDL03、SDL05 和 SDL06 采用垂向 2 层测流。绘制 10 个测站垂向各层的流速过程如图 2.7 所示，可以得到与大潮相同的规律：

（1）各层流速流向过程与垂向平均流速流向过程相似。

（2）流速垂向分布总体以转流时刻为时间节点，基本表现出表层流速最大，底层最小的特点。

（3）流速总体呈现随潮差增大而增大的变化规律。

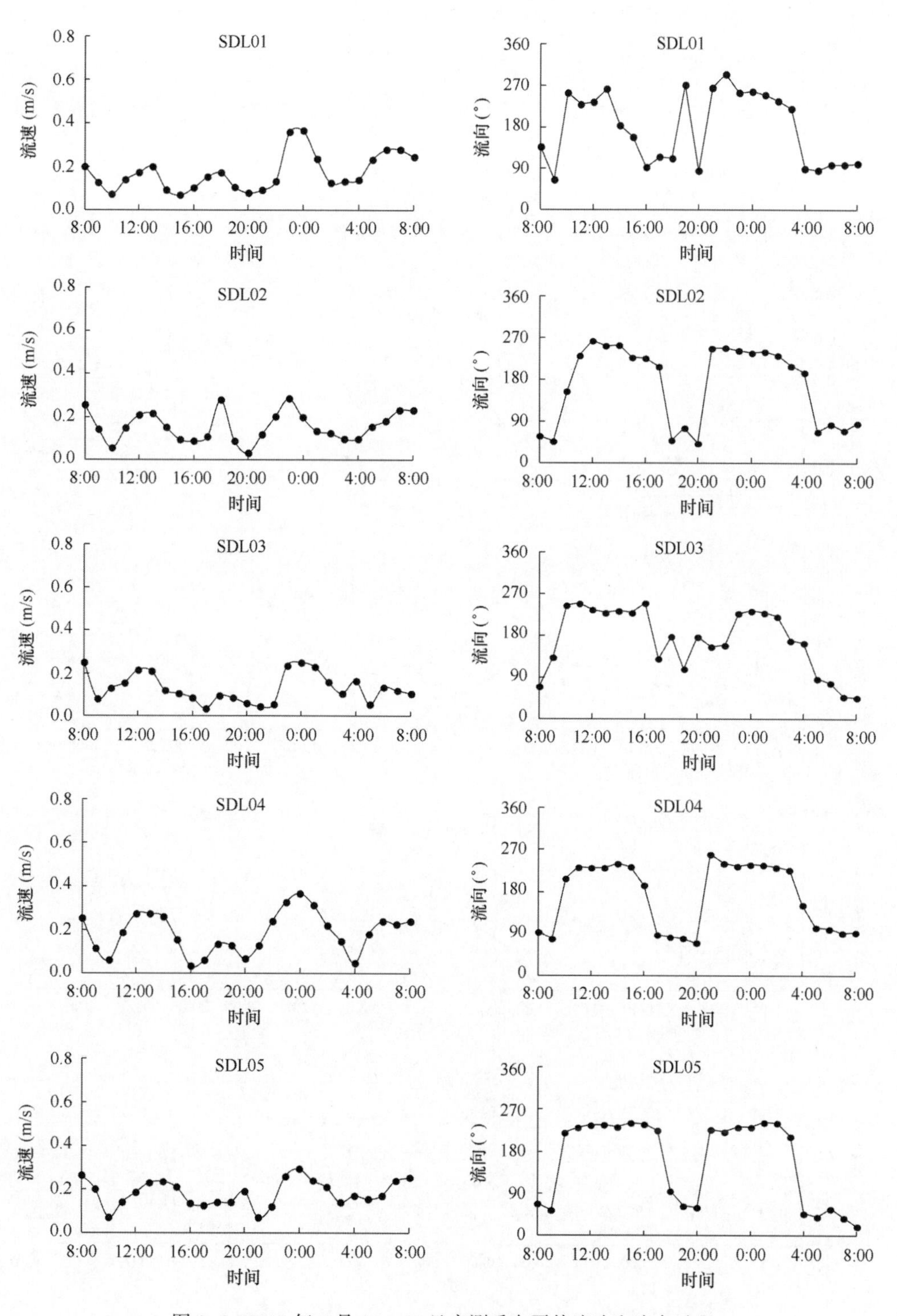

图 2.6　2013 年 5 月 16—17 日实测垂向平均流速和流向过程

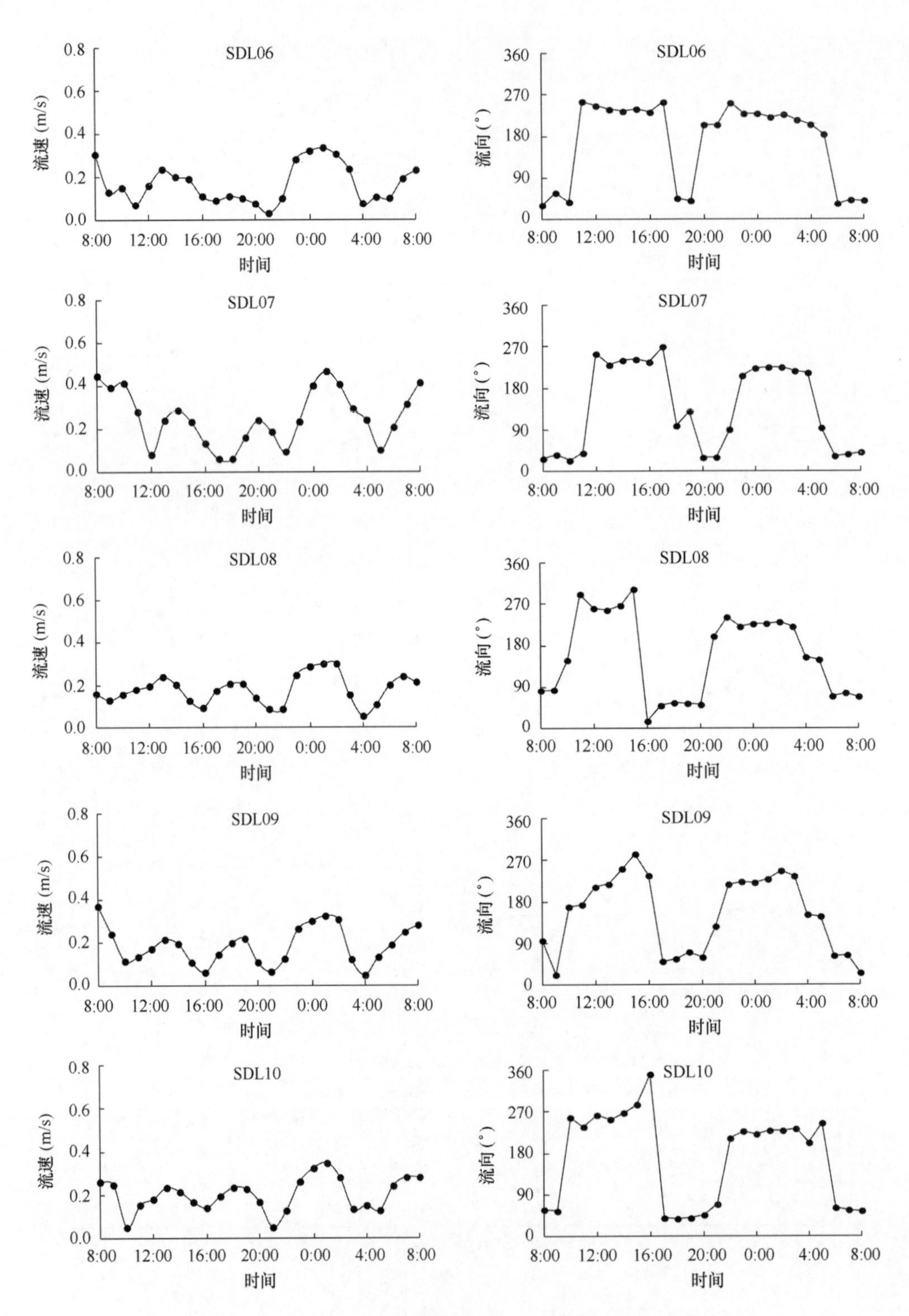

图 2.6　2013 年 5 月 16—17 日实测垂向平均流速和流向过程（续）

表 2.2 2013 年 5 月小潮各测站流速和流向统计

测站		平均值	最大值	涨潮平均值	涨潮最大值	落潮平均值	落潮最大值
流速（m/s）	SDL01	0.17	0.37	0.18	0.37	0.17	0.28
	SDL02	0.16	0.29	0.15	0.29	0.17	0.28
	SDL03	0.13	0.25	0.17	0.25	0.09	0.25
	SDL04	0.19	0.33	0.23	0.33	0.14	0.25
	SDL05	0.18	0.30	0.18	0.30	0.19	0.27
	SDL06	0.17	0.34	0.19	0.34	0.14	0.31
	SDL07	0.26	0.47	0.26	0.47	0.25	0.45
	SDL08	0.18	0.30	0.20	0.30	0.16	0.24
	SDL09	0.19	0.37	0.19	0.32	0.19	0.37
	SDL10	0.20	0.35	0.19	0.35	0.22	0.28
流向（°）	SDL01			245	295	116	271
	SDL02			234	263	74	155
	SDL03			224	250	114	178
	SDL04			234	260	103	194
	SDL05			231	242	54	95
	SDL06			231	255	74	205
	SDL07			232	269	55	130
	SDL08			245	302	82	155
	SDL09			224	283	78	152
	SDL10			247	351	52	69

2.2 水环境特征

2.2.1 近岸海域水环境特征

河北省海洋环境监测中心于 2013 年 8 月 11—23 日对秦皇岛近岸海域 Q01 ~ Q28 站点（见图 2.8）进行了水质监测，监测指标包括水温、化学需氧量（COD_{Mn}）、活性磷酸盐和无机氮等。2013 年 8 月秦皇岛近岸海域水质调查结果统计如表 2.3 所示，除部分站点无机氮浓度超过一类海水水质标准外，其余监测指标均达到一类海水水质标准。

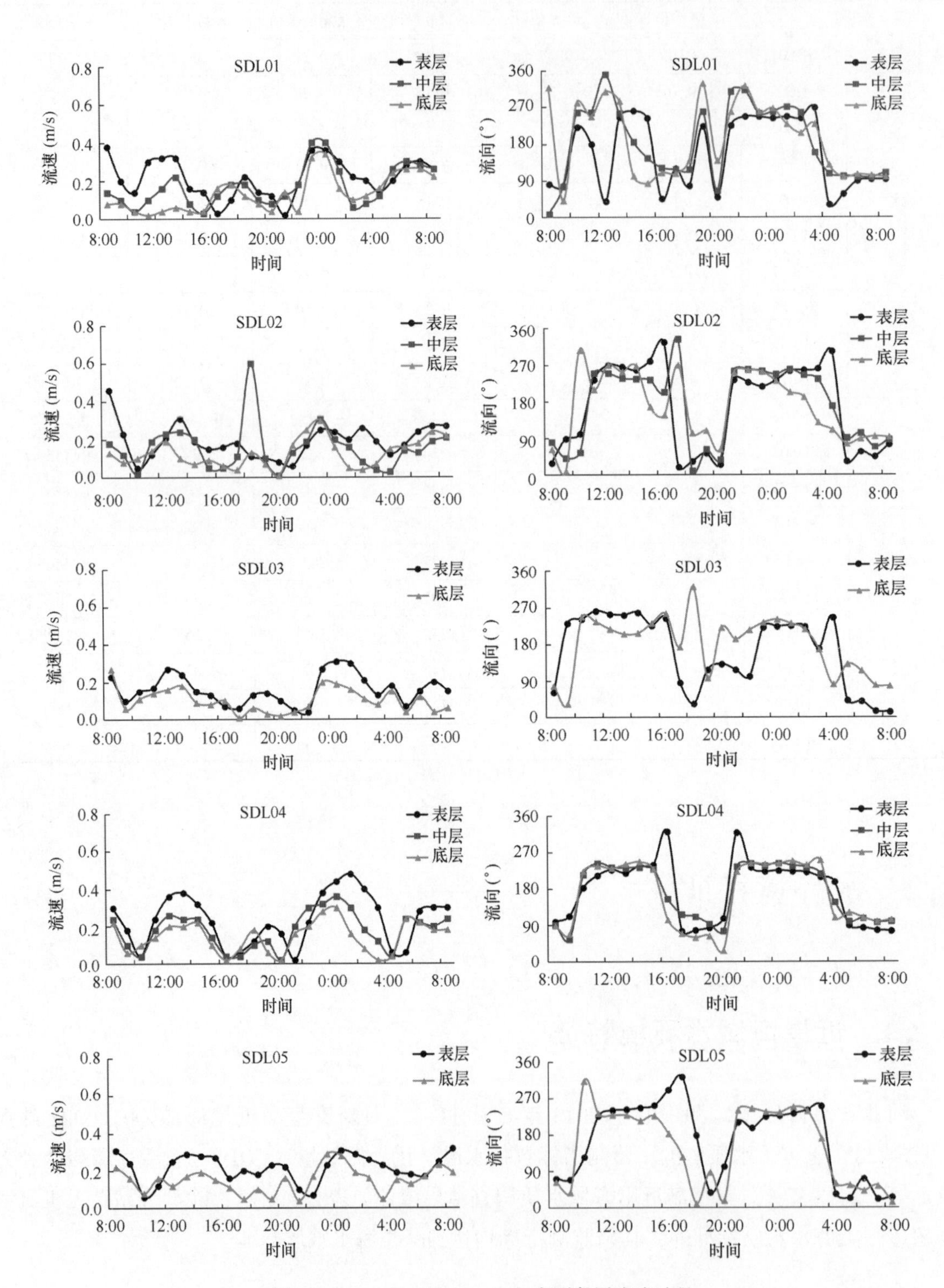

图 2.7　2013 年 5 月 16—17 日实测各层流速过程

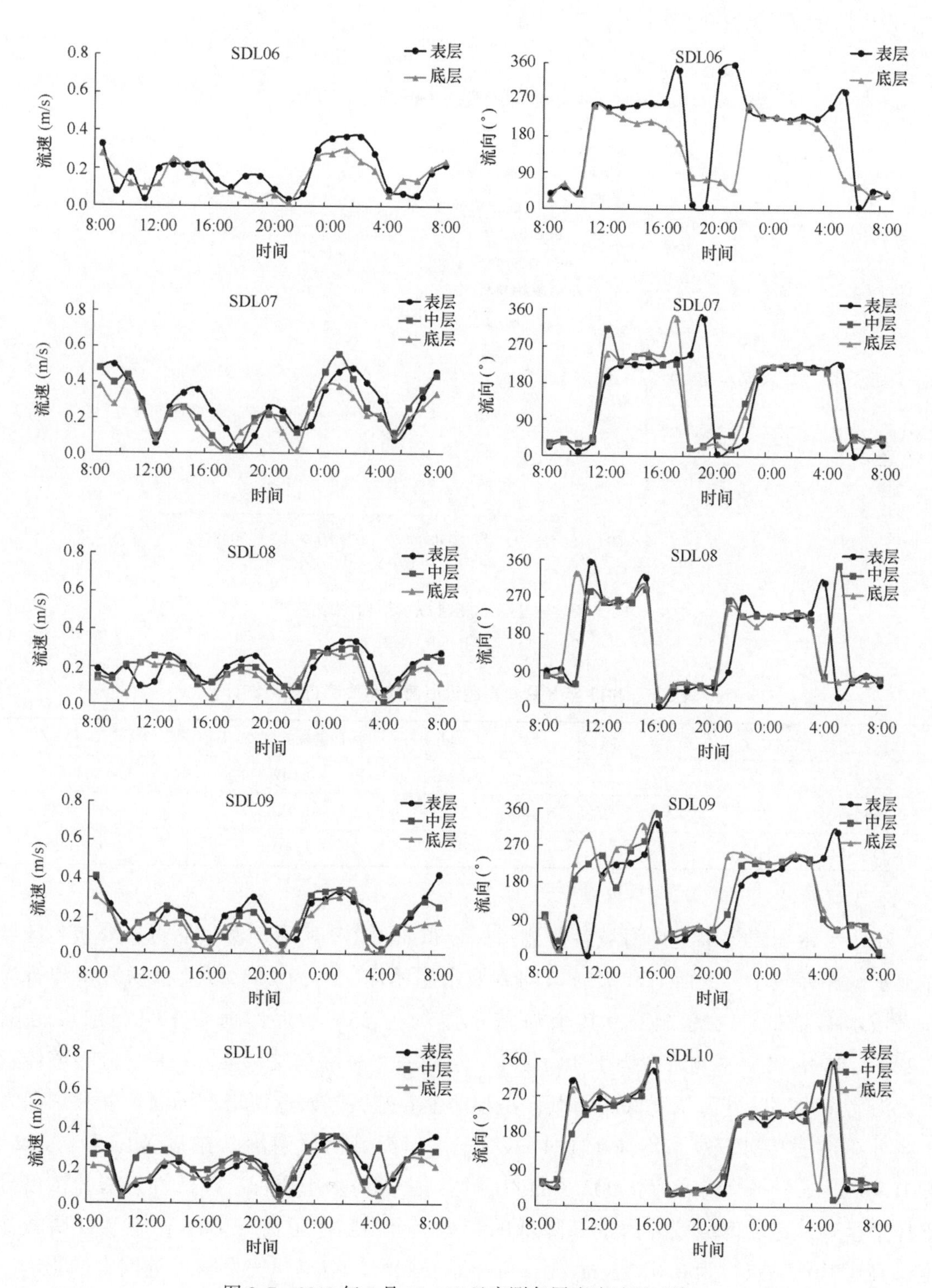

图 2.7　2013 年 5 月 16—17 日实测各层流速过程（续）

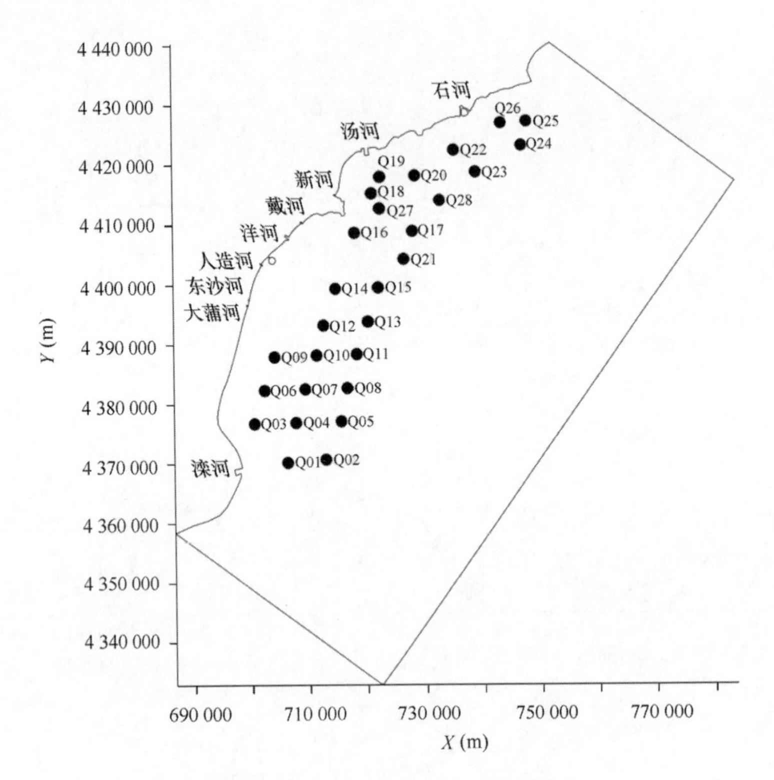

图 2.8 秦皇岛近岸海域水质监测站点

表 2.3 2013 年 8 月秦皇岛近岸海域水质调查结果统计

	水温（°C）	COD_{Mn}（mg/L）	活性磷酸盐（mg/L）	无机氮（mg/L）
最大值	26.50	1.56	0.012 3	0.211 7
最小值	23.95	1.22	0.002 3	0.064 8
平均值	25.10	1.38	0.003 6	0.116 5

2013 年 8 月秦皇岛近岸海域各监测指标分布如图 2.9 所示。秦皇岛近岸海域各区域整体上水温相差较小，大蒲河和滦河口间海域水温稍高，约为 26℃以上，汤河口和石河口间海域水温稍低，约为 24℃，其余海域水温约为 25℃。近岸海域 COD_{Mn}浓度范围为 1.22~1.56 mg/L，平均浓度为 1.38 mg/L，达到一类海水水质标准。COD_{Mn}分布整体上呈现近海岸浓度高，外海浓度低的特点，昌黎海上养殖区、人造河口、汤河口外和中西海滩浴场外海浓度相对较高，均高于 1.4 mg/L。近岸海域活性磷酸盐浓度范围为 0.002 3~0.012 3 mg/L，平均浓度为 0.003 6 mg/L，达到一类海水水质标准。活性磷酸盐浓度分布整体上呈现从近岸海域到外海逐渐降低的趋势。金山嘴附近海域 Q16 站点活性磷酸盐浓度远高于其他站点，为 0.012 3 mg/L，可能是受到海滨浴场或突发事件等因素的影响。近岸海域无机氮浓度范围为 0.064 8~0.211 7 mg/L，平均浓度为 0.116 5 mg/L，除滦河口外海域 Q02 站点无机氮浓度高于 0.2 mg/L 外，其余站点均达到一类海水水质标准。除滦河口外海域，其余海域无机氮浓度差别不大，昌黎海上养殖区、洋河口和戴河口外海域以及

汤河口东侧海域无机氮浓度稍高。

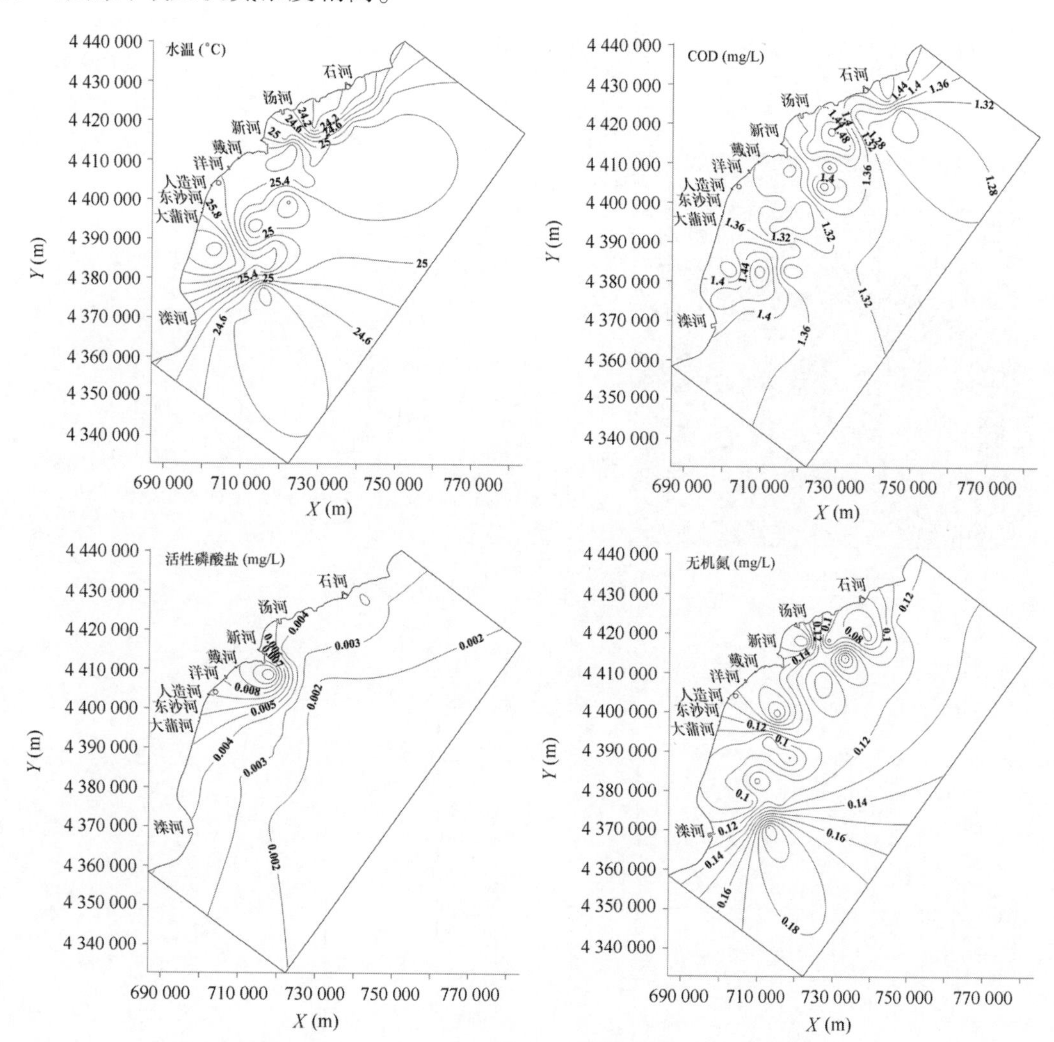

图 2.9 2013 年 8 月秦皇岛近岸海域主要水质指标分布

2.2.2 入海河流水环境特征

河北省地矿局秦皇岛矿产水文工程地质大队和河北省海洋环境监测中心于 2013 年 8 月（洪季）和 11 月（枯季）分别对秦皇岛 10 条入海河流共 54 个站点进行了水质监测，水质监测站点如图 2.10 所示，监测指标包括 COD_{Cr}、总磷（TP）、氨氮和总氮（TN）等。

2013 年 8 月和 11 月秦皇岛入海河流水质分布如图 2.11 所示。整体上秦皇岛入海河流 8 月 COD_{Cr}浓度略微高于 11 月，其 COD_{Cr}平均浓度分别为 90.58 mg/L 和 80.73 mg/L。这主要是由于 8 月雨水充足，径流较大，水土流失现象更为严重，从而带来更多的面源污染所致。8 月和 11 月均存在部分站点 COD_{Cr}浓度极低的现象，这主要是由于这些监测站点位于潮流界内，受到海水稀释作用的影响，造成浓度显著降低。整体上秦皇岛入海河流 8 月 TP 浓度高

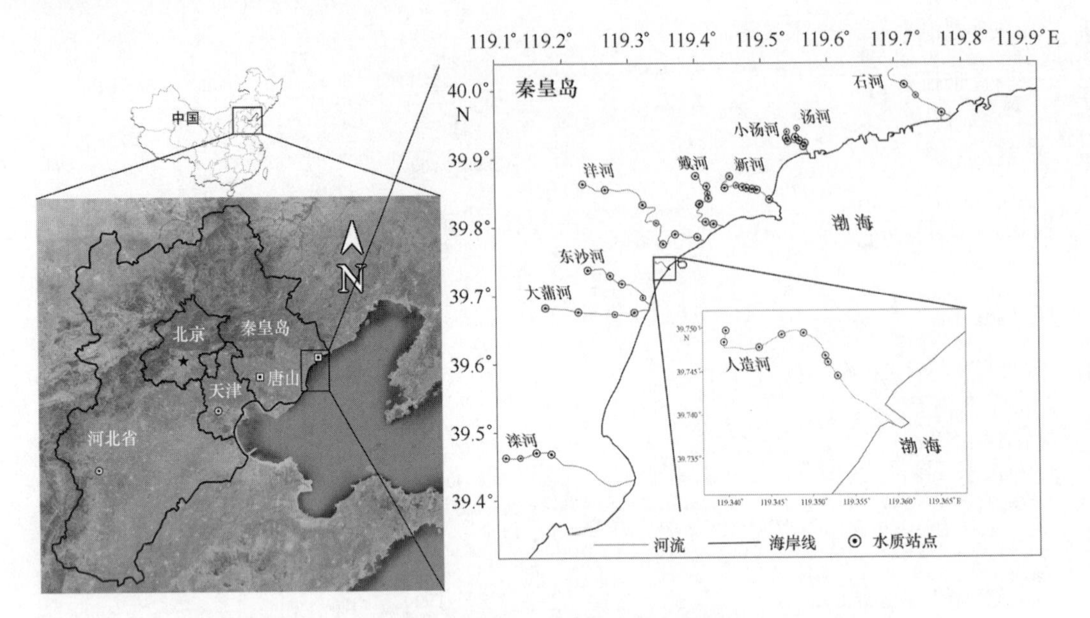

图 2.10　秦皇岛入海河流水质监测站点

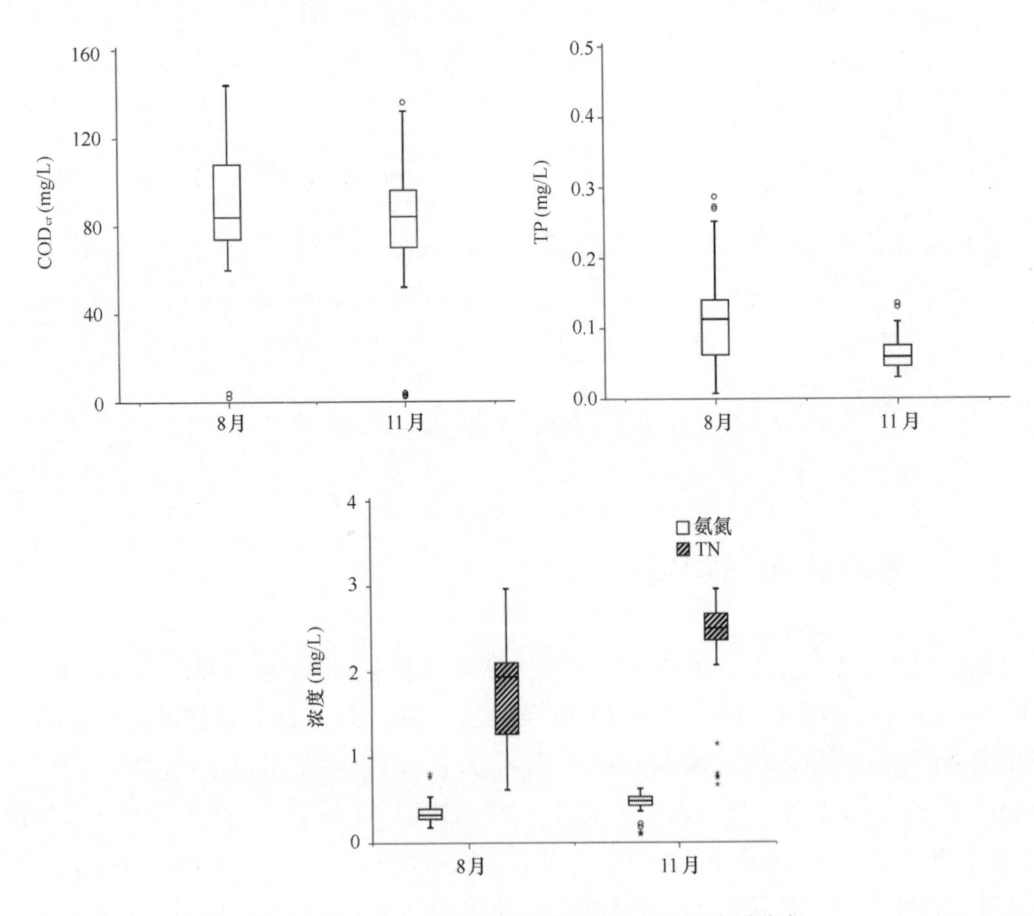

图 2.11　2013 年 8 月和 11 月秦皇岛入海河流水质分布

于11月，8月位于人造河内的站点TP浓度较高，主要是由于人造河上游分布着一些造纸厂，这些企业排放的工业废水给人造河带来了大量的污染。整体上秦皇岛入海河流8月氨氮和TN浓度低于11月，部分站点可能受到海水影响，氨氮和TN浓度较低；此外8月为旅游旺季，部分高污染工厂临时关闭。

根据《地表水环境质量标准（GB 3838—2002）》采用单因子评价法对秦皇岛各入海河流水质进行评价，如图2.12所示。秦皇岛各入海河流水环境状况均很严峻，水质评价均为劣五类。各入海河流COD_{Cr}浓度均远高于五类地表水水质标准（40 mg/L），是污染最为严重的因子。大多数河流TP达到二类（0.1 mg/L）地表水水质标准，但8月人造河TP浓度较高，所有站点TP浓度均高于三类地表水水质标准（0.2 mg/L），为四类水。秦皇岛入海河流氨氮达到二类（0.5 mg/L）或三类（1.0 mg/L）地表水水质标准，而TN多为五类（2.0 mg/L）甚至劣五类水质，表明在秦皇岛入海河流中硝酸态氮和有机氮对TN的贡献率较高。

2.3 陆海污染物输入联动响应

根据河北省地矿局秦皇岛矿产水文工程地质大队和河北省海洋环境监测中心对秦皇岛入海河流2013年逐月流量及河口COD_{Cr}和氨氮浓度监测，可求得2013年秦皇岛入海河流COD_{Cr}和氨氮逐月入海通量如图2.13所示（为与环境容量模型计算对接，将COD_{Cr}浓度与通量转化为相应的COD_{Mn}的浓度与通量）。

2013年6月和8月以及2014年5月，河北省地矿局秦皇岛矿产水文工程地质大队和河北省海洋环境监测中心分别对秦皇岛入海河流和秦皇岛近岸海域的水质进行了取样监测，二者均监测分析的污染物指标为COD和氨氮。选取COD和氨氮作为代表污染物，分别从污染物分布和相关性分析两个方面来研究秦皇岛陆海污染物输入联动响应。

2.3.1 污染物分布

2013年6月和2014年5月，秦皇岛近岸海域监测站点较少，根据其绘制的污染物分布图精确度较低，代表性不足，且海域监测站点与河流入海口监测对应站点较少，不足以分析其陆海联动响应，而2013年8月秦皇岛近岸海域监测站点较多，且河流监测数据也最全面，因此选取2013年8月监测资料进行秦皇岛近岸海域陆海联动响应研究较为合理。

2.3.1.1 COD

2013年8月北戴河近岸海域COD_{Mn}浓度与秦皇岛入海河口COD_{Cr}浓度及COD_{Cr}入海通量联动响应如图2.14和图2.15所示。图中圆点相对大小对应各河流入海口COD_{Cr}浓度或入海

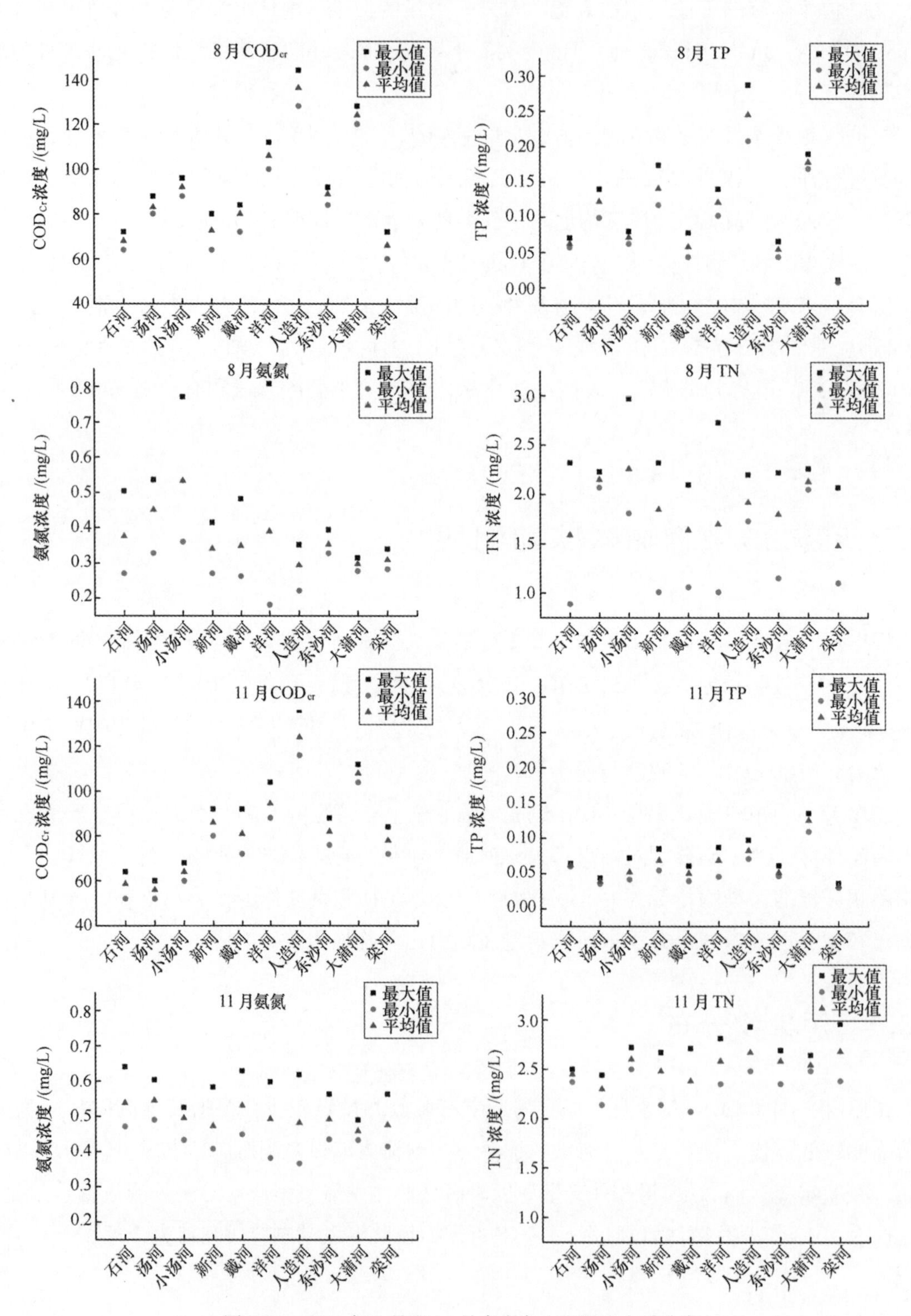

图2.12　2013年8月和11月秦皇岛入海河流水质分布

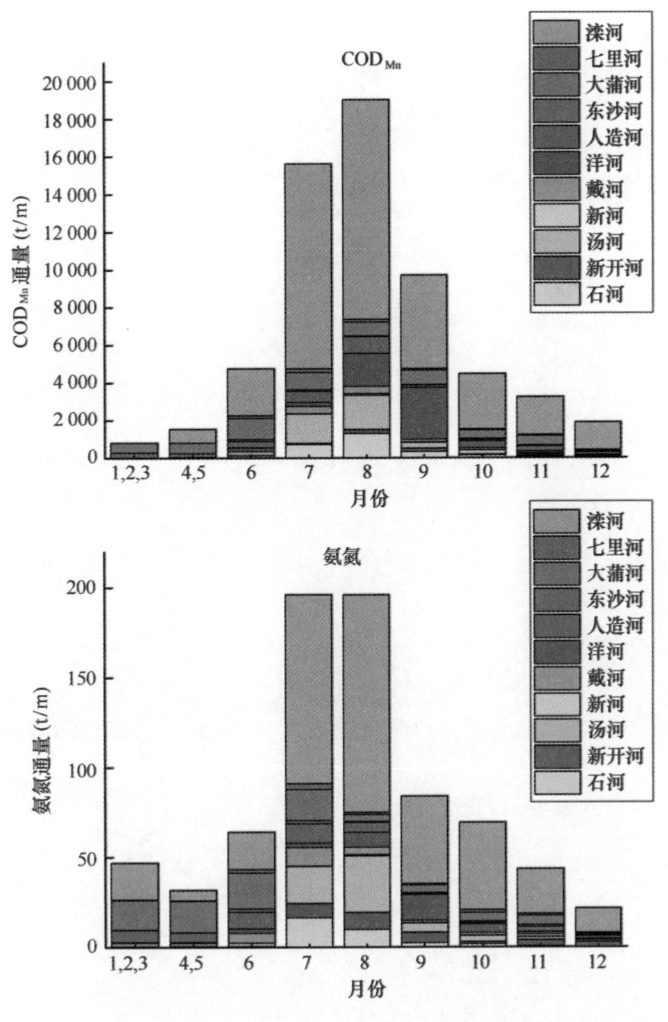

图 2.13　秦皇岛入海河流 2013 年 COD_{Mn}和氨氮各月的入海通量

通量大小，圆点标注为各河流入海口 COD_{Cr}浓度或入海通量值。从图 2.14 中可以看出，人造河和大蒲河入海口 COD_{Cr}浓度较高，其对应的入海口海域 COD_{Mn}浓度分布均有一个极大值区域，海域 COD_{Mn}浓度也较洋河和戴河入海口海域 COD_{Mn}浓度高。汤河和新河入海口 COD_{Cr}浓度较低，其入海口海域 COD_{Mn}浓度也较人造河和大蒲河入海口海域 COD_{Mn}浓度小。七里海、大蒲河、人造河、戴河和石河入海口海域 COD_{Mn}浓度分布均是从岸边向外海递减。从图 2.15 可以看出，洋河、石河、人造河和大蒲河口 COD_{Cr}入海通量均较高，其入海口海域 COD_{Mn}浓度亦较高，同时 COD_{Mn}浓度分布从岸边向外海递减。滦河由于径流量较大，其 COD_{Cr}入海通量最大，但由于滦河口海域水体交换能力较强，与外海海域水体交换充分，因此并未形成浓度分布极大值区域。综上所述，北戴河邻近海域河流 COD_{Cr}输入对其临近海域 COD_{Mn}浓度分布具有较大影响，秦皇岛陆海 COD 输入具有联动响应关系，且入海河流 COD 浓度越高，其入海口海域 COD 浓度值越大。

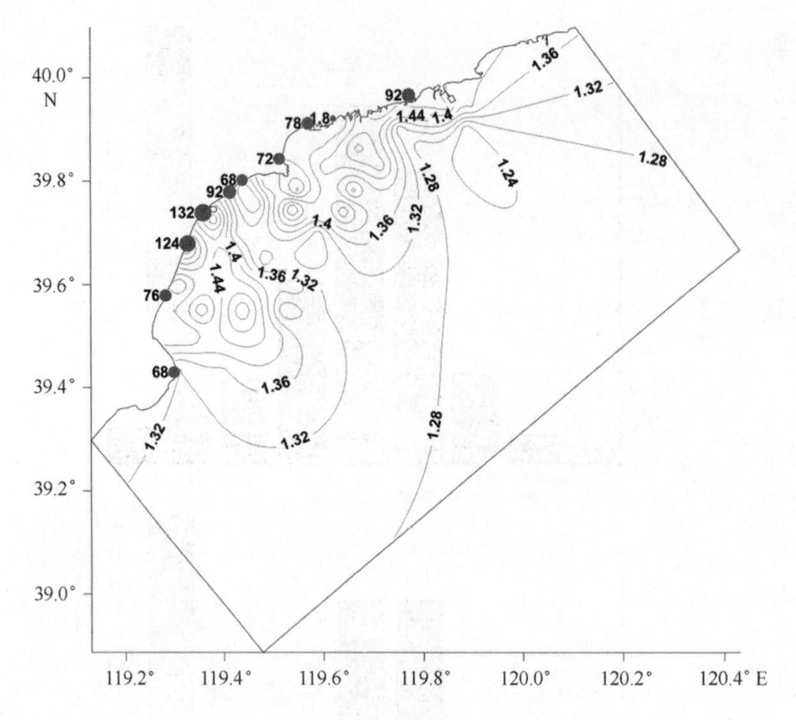

图 2.14　2013 年 8 月秦皇岛入海河口 COD_{Cr} 浓度及近岸海域 COD_{Mn} 浓度联动响应（单位：mg/L）

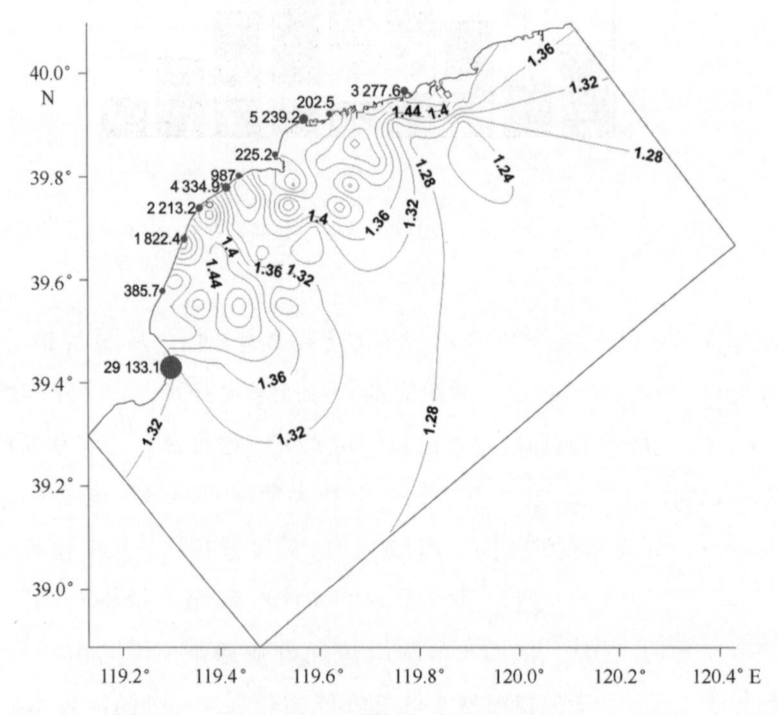

图 2.15　2013 年 8 月秦皇岛入海河口 COD_{Cr} 通量（t）及近岸海域 COD_{Mn} 浓度（mg/L）联动响应

2. 3. 1. 2　氨氮

2013 年 8 月北戴河邻近海域氨氮浓度与秦皇岛入海河口氨氮浓度及氨氮入海通量联动响应如图 2. 16 和图 2. 17 所示。图中圆点相对大小对应各河流入海口氨氮浓度或氨氮入海通量大小，圆点标注为各河流入海口氨氮浓度或氨氮入海通量值。从图 2. 16 中可以看出，新开河入海口氨氮浓度小于石河和戴河入海口氨氮浓度，但其入海口海域氨氮浓度较石河和戴河入海口海域氨氮浓度高。人造河口氨氮浓度小于大蒲河口氨氮浓度，其入海口海域氨氮浓度也较大蒲河口氨氮浓度小。从图 2. 17 可以看出，人造河氨氮入海通量小于石河口和汤河口，而其入海口海域氨氮浓度较高。大蒲河和七里海氨氮入海通量也较低，而其入海口海域氨氮浓度也较高。同时，人造河入海口海域氨氮浓度从岸边向外海递减，而新开河口外海和大蒲河口外海均有氨氮极大值区域。综上所述，秦皇岛氨氮陆海联动响应关系不明显，初步判定是由于陆源氨氮输入较海上养殖和大气沉降氨氮输入小所致。

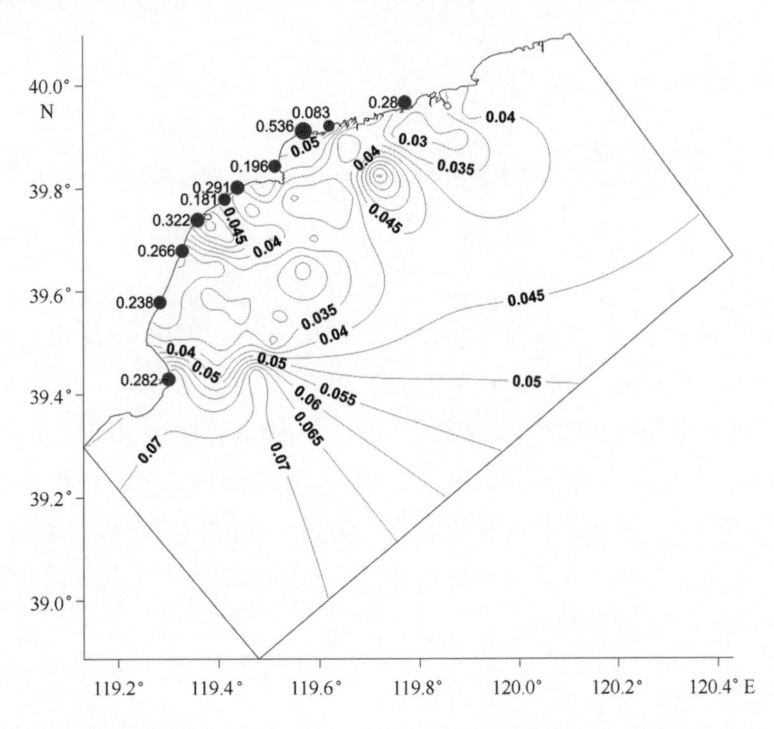

图 2. 16　2013 年 8 月秦皇岛入海河口氨氮浓度及近岸海域氨氮浓度联动响应（单位：mg/L）

2. 3. 2　相关性分析

参照分析 2013 年 6 月、8 月和 2014 年 5 月秦皇岛河流入海口及近岸海域污染物监测数据，选取与河流入海口相对应的入海口海域站点 COD 和氨氮浓度，研究入海口海域站点 COD 和氨氮浓度与对应的河流入海口 COD 和氨氮浓度的相关性关系，以此来研究秦皇岛陆海 COD 和氨氮输入联动响应关系。

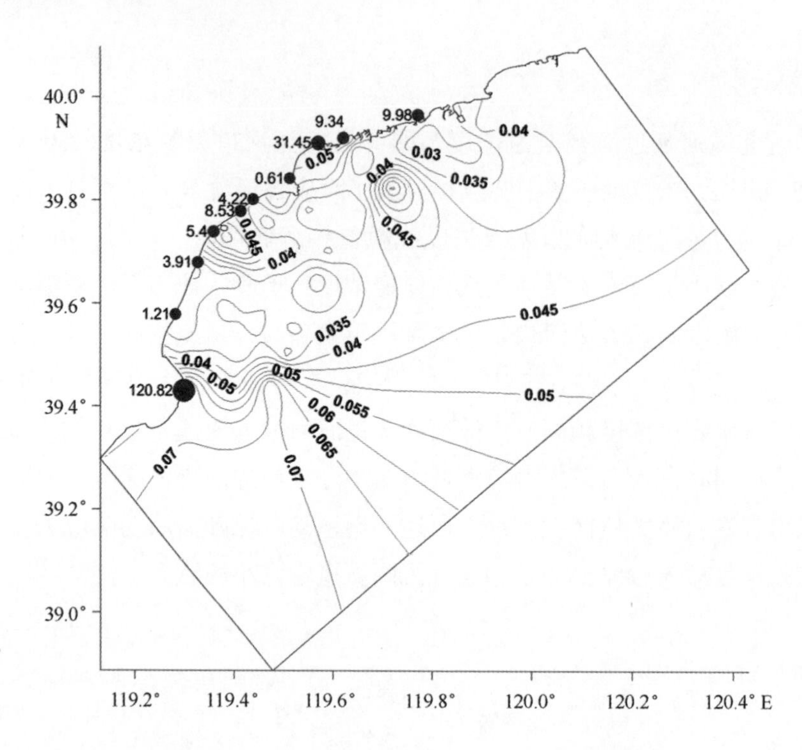

图 2.17　2013 年 8 月秦皇岛入海河口氨氮通量（t）及近岸海域氨氮浓度（mg/L）联动响应

2.3.2.1　COD

秦皇岛入海河口 COD_{Cr}浓度与其对应的入海口海域站点 COD_{Mn}浓度相关性关系如图 2.18 所示。2013 年 6 月、8 月和 2014 年 5 月总计有 10 个对应的数据点，取相关性显著水平为 0.01，查阅显著性水平为 0.01 的相关系数表可知，在样本容量为 10 时，所需的最低相关系数 $R_{0.01}=0.7646$。秦皇岛入海河口 COD_{Cr}浓度与入海口海域 COD_{Mn}浓度的相关系数为 $R=0.8062>R_{0.01}=0.7646$，因此二者具有线性相关关系，线性回归方程斜率为 0.002 8>0，即秦皇岛入海河口 COD_{Cr}浓度与入海口海域 COD_{Mn}浓度具有正相关关系，河流输入 COD_{Cr}浓度越高，入海口海域 COD_{Mn}浓度越高。

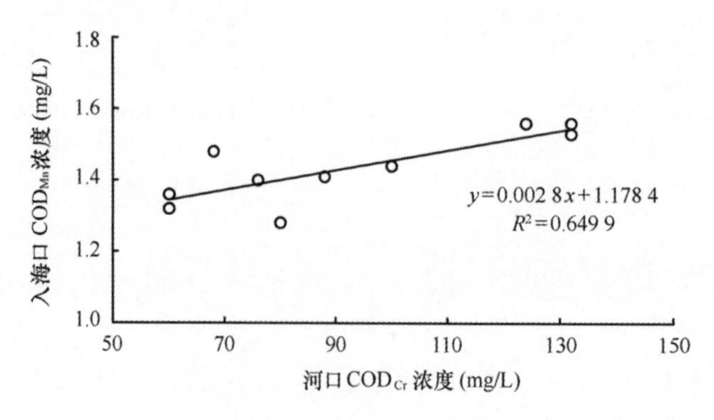

图 2.18　COD 陆海输入相关性分析

2.3.2.2　氨氮

秦皇岛入海河口氨氮浓度与其对应的入海口海域站点氨氮浓度相关性关系如图2.19所示。2013年6月、8月和2014年5月总计有10个对应的数据点，取相关性显著水平为0.01，查阅显著性水平为0.01的相关系数表可知，在样本容量为10时，所需的最低相关系数 $R_{0.01}=0.7646$。秦皇岛入海河口氨氮浓度与入海口海域氨氮浓度的相关系数为 $R=0.5046<R_{0.01}=0.7646$，因此二者相关性较弱。初步探讨其原因主要是：①河流入海口监测时间与入海口海域监测时间不同步，二者具有一定的时间差；②陆源输入是北戴河邻近海域氨氮污染源之一，养殖区和大气沉降的氨氮输入亦是近岸海域氨氮的重要来源。

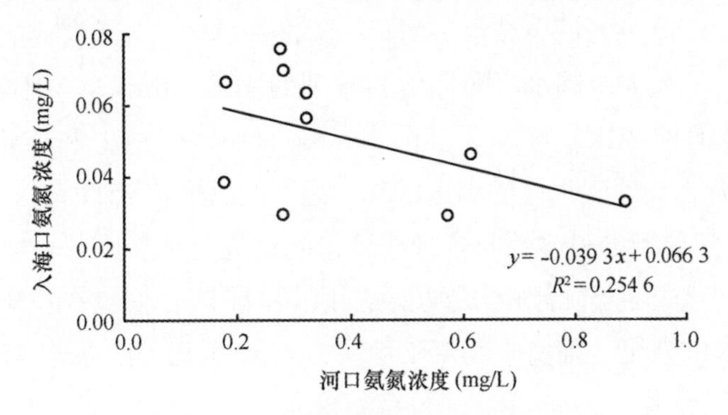

图2.19　氨氮陆海输入相关性分析

第3章　数学模型概述

丹麦水利研究所（Danish Hydraulic Institute，简称DHI）研发的MIKE软件包是由河口海岸与海洋模拟软件、城市水模拟软件和水资源综合管理模拟软件构成。MIKE软件包的功能涉及范围从降雨→产流→河流→城市→河口→近海→深海，从一维到三维，从水动力到水环境和生态系统，从流域大范围水资源评估和管理的MIKE BASIN，到地下水与地表水联合的MIKE SHE，一维河网MIKE 11，城市供水系统的MIKE NET和城市排水系统的MIKE MOUSE，二维河口海岸和地表水体的MIKE 21，近海的沿岸流LITPACK，直到三维MIKE 3。

MIKE软件包数学模型的科学性与合理性已得到世界公认，在丹麦[12,13]、希腊[14,15]、印度[16,17]及中国香港[18,19]等地都得到了成功的应用。目前该软件包在我国重大工程研究中的应用也得到了行业内的认可，如南水北调工程[20]、三峡工程[21]、长江口深水航道工程[22]和钱塘江河口围涂工程[23]等。

3.1　MIKE 11一维模型

MIKE 11模型主要应用于河口、河流、灌溉系统和其他内陆水域的水文学、水力学、水质和泥沙输运模拟，在防汛洪水预报、水资源水量水质管理和水利工程规划设计论证等方面均得到广泛应用[24]。MIKE 11软件包括水动力模块（HD）、洪水预报模块（FF）、对流扩散模块（AD）、水质模块（ECOLab）和泥沙输运模块（ST）等，其中水动力模块是MIKE 11模型的核心模块[25]。本研究中基于MIKE 11 HD模块、AD模块和ECOLab模块建立秦皇岛入海河流一维水动力和水质模型，以研究入海河流中污染物输运分布规律。

3.1.1　水动力模型

水动力模型是水质模型的基础和前提，MIKE 11模型水动力模块是应用有限差分法求解一维Saint-Venant方程组来模拟河流水位和流量随时间和一维空间的变化，方程如下：

$$\frac{\partial Q}{\partial x} + \frac{\partial A}{\partial t} = q \tag{3.1}$$

$$\frac{\partial Q}{\partial t} + \frac{\partial}{\partial x}\left(\alpha \frac{Q^2}{A}\right) + gA\frac{\partial h}{\partial x} + g\frac{n^2 Q|Q|}{AR^{4/3}} = 0 \tag{3.2}$$

式中：Q 表示河流断面径流量；x 表示沿水流方向的距离；t 表示时间；A 表示过水断面面积；q 表示旁侧入流量；g 表示重力加速度；h 表示水深；n 表示曼宁系数；R 为过水断面的水力半径；α 为动量校正系数[25]。

MIKE 11 水动力模块采用 1967 年由 Abbot 和 Ionescu 提出的隐式有限差分格式对一维 Saint-Venant 方程组进行求解[26]，河道计算点分布如图 3.1 所示。水位计算点（h）与流量计算点（Q）在模型中概化河道上相间分布。流量计算点位于相邻两个水位计算点的中点位置和模型中设置的水工建筑物处；水位计算点位于模型中计算断面所在位置。当两个计算断面之间的距离超过模型中设置的最大断面间距（dx）时，为保证模型的计算精度，模型会在两断面中间位置自动插入一个水位计算点。该隐式有限差分格式为无条件稳定方法，具有计算稳定、节省计算时间的优点[27]。

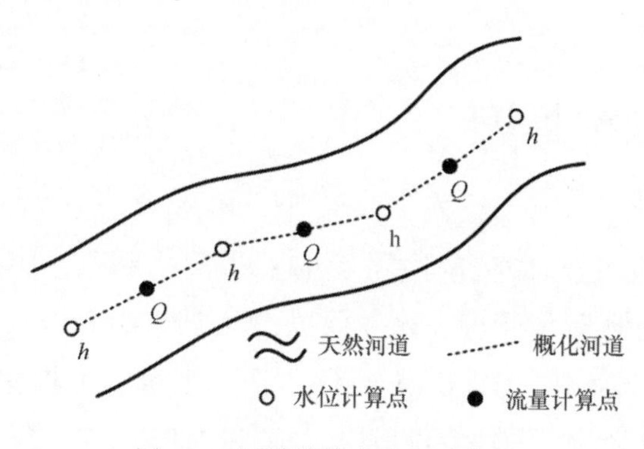

图 3.1　河道计算点分布示意图

3.1.2　水质模型

水环境中污染物的输运和转化过程会影响水体水质状况，是分析水体水质的重要因素，一维水质模型的输运过程主要表现为纵向对流扩散作用。污染物质的转化过程主要由污染物质自身特性决定，包括化学和生化反应等过程[28]。在 MIKE 11 模型中，污染物的输运和转化过程分别由 AD 模块和 ECOLab 模块计算模拟。

AD 模块使用隐式有限差分格式对一维对流扩散方程进行求解，一维对流扩散方程如式（3.3）所示：

$$\frac{\partial AC}{\partial t}+\frac{\partial QC}{\partial x}-\frac{\partial}{\partial x}\left(AD\frac{\partial C}{\partial x}\right)=-AKC+C_2q \tag{3.3}$$

式中：C 表示物质浓度；D 表示扩散系数；K 表示污染物线性衰减系数；C_2 表示污染物源/汇浓度。

对于营养盐等非保守物质，在随流平流迁移、紊动扩散的同时，由于大气挥发作用、微生物降解作用、浮游生物的富集作用以及悬浮颗粒的吸附作用等，其本身的性质和质量也在发生变化。其中的生物化学作用一般与温度、盐度等条件有关，本研究中基于 ECOLab 建立

COD 生态模块，并将其嵌套入 AD 模块中，用以模拟 COD 在水体中的输运和转化过程。本研究中 COD 降解过程参考季民等[29]在渤海湾天津港近岸纳污海水中 COD 生化降解过程试验研究中的成果，采用一级反应动力学模式，即 COD 降解速率方程如式（3.4）所示。国内外研究表明，水体温度越高，COD 降解系数越大，不同水温条件下 COD 降解系数值估算关系[30]如式（3.5）所示。

$$\frac{\mathrm{d}C_{\mathrm{COD}}}{\mathrm{d}t} = -K_{\mathrm{COD}} \cdot C_{\mathrm{COD}} \tag{3.4}$$

$$K_{\mathrm{COD}} = K_{20} \cdot \theta_{\mathrm{COD}}^{(T-20)} \tag{3.5}$$

式中：K_{COD}表示 COD 的降解系数，K_{20}表示 COD 在 20℃时的降解系数；θ_{COD}表示 COD 的 Arrhenius 温度系数；T 表示水温。

3.2 MIKE 21 二维模型

MIKE 21 模型主要应用于河流、湖泊、河口、海湾、海岸和海洋等水域的水流、波浪、泥沙及环境，在河口海岸水环境管理、海洋预报、风暴潮预警和河口海岸及海洋工程规划设计论证等方面均得到广泛应用。MIKE 21 软件包括二维水动力模块（HD）、对流扩散模块（AD）、水质模块（ECOLab）、泥沙传输模块（ST 和 MT）、波浪模块（SW 和 BW）和粒子分析模块（PT）等，其中水动力模块是 MIKE 21 模型的核心模块[25]。本研究中基于 MIKE 21 HD 模块、AD 模块和 ECOLab 模块建立秦皇岛近岸海域二维水动力和水质模型，以研究近岸海域水动力和污染物输运分布规律。

3.2.1 水动力模型

水动力模型是建立在 Navier–Stokes 方程的基础上的。在笛卡尔坐标系下，通过对三维动量方程和连续方程沿深度进行积分，得到二维浅水方程，如下：

连续方程：

$$\frac{\partial h}{\partial t} + \frac{\partial hu}{\partial x} + \frac{\partial hv}{\partial y} = hS \tag{3.6}$$

动量方程：

$$\frac{\partial hu}{\partial t} + \frac{\partial hu^2}{\partial x} + \frac{\partial hvu}{\partial y} = fvh - gh\frac{\partial \eta}{\partial x} + \frac{\tau_{sx} - \tau_{bx}}{\rho} + \frac{\partial}{\partial x}(hT_{xx}) + \frac{\partial}{\partial y}(hT_{xy}) + hu_S S \tag{3.7}$$

$$\frac{\partial hv}{\partial t} + \frac{\partial hv^2}{\partial y} + \frac{\partial hvu}{\partial x} = -fuh - gh\frac{\partial \eta}{\partial y} + \frac{\tau_{sy} - \tau_{by}}{\rho} + \frac{\partial}{\partial x}(hT_{xy}) + \frac{\partial}{\partial y}(hT_{yy}) + hv_S S \tag{3.8}$$

式中：η 表示水位；$h=\eta+d$，h 为总水深；d 为静止水深；t 为时间；u 与 v 表示 x 和 y 方向上的沿水深平均流速；u_s 与 v_s 表示 x 和 y 向源汇的流速；$f = 2\Omega\sin\varphi$ 为柯氏力系数（Ω 为地

球自转角速率，φ 为地理纬度）；ρ 为水体密度；τ_{sx} 和 τ_{sy} 表示 x 和 y 方向上的风应力；τ_{bx} 和 τ_{by} 表示 x 和 y 方向上的底部摩擦力；S 为源汇的流率；侧应力 T_{ij} 包括黏性摩擦和紊动摩擦等。通过水深平均流速梯度计算如下（式中 A 表示水平涡黏性系数）：

$$T_{xx} = 2A\left(\frac{\partial u}{\partial x}\right), T_{xy} = A\left(\frac{\partial u}{\partial y} + \frac{\partial v}{\partial x}\right), T_{yy} = 2A\left(\frac{\partial v}{\partial y}\right) \tag{3.9}$$

底部应力 $\vec{\tau_b} = (\tau_{bx},\ \tau_{by})$ 取决于二次摩阻定律：

$$\frac{\vec{\tau_b}}{\rho} = c_f \vec{u} |\vec{u}| \tag{3.10}$$

其中，$\vec{u} = (u,\ v)$ 为流速；c_f 为拖曳系数，可通过谢才系数（C）或者曼宁数（M）确定，如下所示：

$$c_f = \frac{g}{C^2} \tag{3.11}$$

$$c_f = \frac{g}{(Mh^{1/6})^2} \tag{3.12}$$

MIKE 21 数学模型采用中心有限体积法离散控制方程。有限体积法将计算区域划分成若干规则或不规整形状的单元或控制体，在计算出通过每个控制体边界沿法向输入（出）的流量和动量通量后，对每个控制体分别进行水量和动量平衡计算，从而得到计算时段末各控制体平均水深和流速[31]。在 MIKE 21 模型中，运用黎曼近似解来估计单元格界面上的对流通量，通过使用线性梯度重构的方法以满足二阶空间精度。使用 Jawahar 和 Kamath[32] 的方法来估计平均梯度，通过使用带斜率限制因子的二阶 TVD 格式以避免数值震荡。

为保证计算稳定，模型计算时间步长需保证 Courant 数小于 1，每一个单元格的 Courant 数如式（3.13）所示：

$$Cr_{HD} = \left(\sqrt{gh} + |u|\right)\frac{\Delta t}{\Delta x} + \left(\sqrt{gh} + |v|\right)\frac{\Delta t}{\Delta y} \tag{3.13}$$

式中：Δx 和 Δy 分别为三角形网格 x 和 y 方向上的特征长度；Δt 为时间步长。

3.2.2 水质模型

MIKE 21 水质模型是在对流扩散计算的基础上，加载 ECOLab 模块中的状态变量变化过程，基本控制方程为：

$$\frac{\partial hC}{\partial t} + \frac{\partial huC}{\partial x} + \frac{\partial hvC}{\partial y} = hF_C - hk_pC + hC_SS \tag{3.14}$$

式中：C 是浓度标量；$-hk_pC$ 是状态变量的 ECOLab 变化过程，其中 k_p 表示污染物的衰减率，在本研究中，COD 的衰减变化方程与 MIKE 11 水质模型中一致；C_S 是源汇项浓度标量；F_C 为水平扩散项：

$$F_C = \frac{\partial}{\partial x}\left(D_h \frac{\partial C}{\partial x}\right) + \frac{\partial}{\partial y}\left(D_h \frac{\partial C}{\partial y}\right) \tag{3.15}$$

式中：D_h 为水平扩散系数。

在模拟中，模型首先根据水动力学原理模拟状态变量的对流扩散并在单位时间步长内积分。然后 ECOLab 模块加载初始浓度或更新后的浓度、相关参数或变量及作用力函数，求解各表达式的值，对每个时间步长进行积分，并将更新的浓度值返回水动力模型系统，继而开始下一个时间步长的计算[33]。对流扩散模型中，低阶近似算法采用简单的一阶格式，为了减小数值振荡的影响，模型采用 TVD-MUSCL 限制技术。

3.3 MIKE 3 三维模型

基于 Boussinesq 假定和静水压力假定，不可压缩流体雷诺平均的 Navier-Stokes 方程简化为三维浅水方程，用于描述河口海岸地区大尺度流动。

$$\frac{\partial u}{\partial x} + \frac{\partial v}{\partial y} + \frac{\partial w}{\partial z} = S \tag{3.16}$$

$$\begin{aligned} &\frac{\partial u}{\partial t} + \frac{\partial u^2}{\partial x} + \frac{\partial vu}{\partial y} + \frac{\partial wu}{\partial z} = fv - g\frac{\partial \eta}{\partial x} - \frac{1}{\rho}\frac{\partial p}{\partial x} \\ &+ \frac{\partial}{\partial x}\left(2A\frac{\partial u}{\partial x}\right) + \frac{\partial}{\partial y}\left[A\left(\frac{\partial u}{\partial y} + \frac{\partial v}{\partial x}\right)\right] + \frac{\partial}{\partial z}\left(\nu_t \frac{\partial u}{\partial z}\right) + u_s S \end{aligned} \tag{3.17}$$

$$\begin{aligned} &\frac{\partial v}{\partial t} + \frac{\partial uv}{\partial x} + \frac{\partial v^2}{\partial y} + \frac{\partial wv}{\partial z} = - fu - g\frac{\partial \eta}{\partial y} - \frac{1}{\rho}\frac{\partial p}{\partial y} \\ &+ \frac{\partial}{\partial x}\left[A\left(\frac{\partial u}{\partial y} + \frac{\partial v}{\partial x}\right)\right] + \frac{\partial}{\partial y}\left(2A\frac{\partial v}{\partial y}\right) + \frac{\partial}{\partial z}\left(\nu_t \frac{\partial v}{\partial z}\right) + v_s S \end{aligned} \tag{3.18}$$

$$\frac{\partial p}{\partial z} = - \rho g \tag{3.19}$$

式中：t 为时间；x 、y 和 z 为笛卡尔坐标；u 、v 和 w 分别为 x 、y 和 z 方向的流速分量；p 为水体压强；ν_t 为垂向涡黏性系数。

水动力方程中的涡黏性系数需要通过紊流模型求解，研究区域海岸水平空间尺度远大于垂向空间尺度，因此在水平尺度和垂向尺度分别选用不同的紊流模型，水平尺度采用大涡模拟方法（LES）的标准 Smagorinsky 模型，垂向尺度采用雷诺时均法（RANS）的标准 k-ε 两方程模型。

Smagorinsky[34]提出采用特征长度来计算亚网格涡的影响，亚网格涡黏性系数按下式计算：

$$A = c_s^2 l^2 \sqrt{2S_{ij}S_{ji}} \tag{3.20}$$

式中：c_s 为 Smagorinsky 常数，通常取值范围为 0.25~1.0；l 为特征长度；变形率 S_{ij} 为

$$S_{ij} = \frac{1}{2}\left(\frac{\partial u_i}{\partial x_j} + \frac{\partial u_j}{\partial x_i}\right)(i,j = 1,2) \tag{3.21}$$

在 k-ε 紊流模型中，垂向涡黏性系数 ν_t 可由紊流参数 k 和 ε 确定：

$$\nu_t = c_\mu \frac{k^2}{\varepsilon} \tag{3.22}$$

式中：c_μ 为经验系数；k 为紊动能；ε 为紊动能耗散率。

k 和 ε 的传输方程为：

$$\frac{\partial k}{\partial t} + \frac{\partial uk}{\partial x} + \frac{\partial vk}{\partial y} + \frac{\partial wk}{\partial z} = F_k + \frac{\partial}{\partial z}\left(\frac{\nu_t}{\sigma_k}\frac{\partial k}{\partial z}\right) + P + B - \varepsilon \tag{3.23}$$

$$\frac{\partial \varepsilon}{\partial t} + \frac{\partial u\varepsilon}{\partial x} + \frac{\partial v\varepsilon}{\partial y} + \frac{\partial w\varepsilon}{\partial z} = F_\varepsilon + \frac{\partial}{\partial z}\left(\frac{\nu_t}{\sigma_\varepsilon}\frac{\partial \varepsilon}{\partial z}\right) + \frac{\varepsilon}{k}(c_{1\varepsilon}P + c_{3\varepsilon}B - c_{2\varepsilon}\varepsilon) \tag{3.24}$$

式中：流速梯度产生项 P 和浮力产生项 B 可分别表示为：

$$P = \frac{\tau_{xz}}{\rho}\frac{\partial u}{\partial z} + \frac{\tau_{yz}}{\rho}\frac{\partial v}{\partial z} \approx \nu_t\left[\left(\frac{\partial u}{\partial z}\right)^2 + \left(\frac{\partial v}{\partial z}\right)^2\right] \tag{3.25}$$

$$B = -\frac{\nu_t}{\sigma_t}N^2 \tag{3.26}$$

其中：N 为 Brunt 频率项，计算公式为：

$$N^2 = -\frac{g}{\rho}\frac{\partial \rho}{\partial z} \tag{3.27}$$

因模型不考虑密度流，$N = 0$，则浮力产生项 $B = 0$。σ_t 为紊动普朗特数；σ_k、σ_ε、$c_{1\varepsilon}$、$c_{2\varepsilon}$ 和 $c_{3\varepsilon}$ 为特征参数；F_k 和 F_ε 为 k 和 ε 的水平紊动扩散项：

$$F_k = \frac{\partial}{\partial x}\left(\varepsilon_k \frac{\partial k}{\partial x}\right) + \frac{\partial}{\partial y}\left(\varepsilon_k \frac{\partial k}{\partial y}\right) \tag{3.28}$$

$$F_\varepsilon = \frac{\partial}{\partial x}\left(\varepsilon_\varepsilon \frac{\partial \varepsilon}{\partial x}\right) + \frac{\partial}{\partial y}\left(\varepsilon_\varepsilon \frac{\partial \varepsilon}{\partial y}\right) \tag{3.29}$$

其中：水平紊动扩散系数 ε_k 和 ε_ε 可分别由涡黏性系数 A 和特征参数 σ_k、σ_ε 计算得到：$\varepsilon_k = A/\sigma_k$，$\varepsilon_\varepsilon = A/\sigma_\varepsilon$。

在标准 k-ε 紊流模型中，选用 Launder[35] 提出的经验参数，取值如表 3.1 所示。

表 3.1 k-ε 紊流模型中的经验常数

c_μ	$c_{1\varepsilon}$	$c_{2\varepsilon}$	$c_{3\varepsilon}$	σ_t	σ_k	σ_ε
0.09	1.44	1.92	0	0.9	1.0	1.3

第 4 章　近岸海域水动力和污染物输运模拟

赤潮爆发与海域水动力条件、水体交换速率及营养盐等存在着一定的相关关系[36,37]。海域的水动力条件和污染物输运受潮汐、潮流、地形、风及科氏力等因素影响[38]，其中在湖泊、河口和海湾等封闭或半封闭水域，风是驱动水体环流及污染物输运的主要因子之一[39,40]，而在赤潮频发的海域，风对海域水动力和污染物输运的影响亦需引起足够重视[41]。

COD 是表征有机污染的一个综合因子，也是海域定量描述受污染程度的重要指标之一。海洋中的营养盐多数以有机的形态存在于海水中，即 COD 含量与营养盐总含量间接相关。很多研究将 COD 与赤潮的暴发直接联系起来，甚至将其作为海域富营养化的重要指标之一，而且 COD 受生物活动的影响相对来说比营养盐小，它的生化降解作用也较容易确定[42]。因而本研究选取 COD 作为秦皇岛河流-海岸地区污染物输运分析的评价因子。为分析秦皇岛近岸海域水动力和污染物输运分布规律，本章基于 MIKE 软件包中 HD 模块、AD 模块和 ECOLab 模块建立秦皇岛近岸海域水动力和水质模型，并通过水文和水质实测资料对模型进行率定验证，得到了秦皇岛近岸海域水动力和 COD 输运分布特征，并在此基础上，分析了风对秦皇岛近岸海域水动力和 COD 输运时空分布的影响。

4.1　秦皇岛近岸海域数学模型建立

4.1.1　模型范围和计算网格

秦皇岛近岸海域数学模型研究范围（见图 4.1）北起石河口以北约 20 km，南至滦河口以南约 17 km，陆域岸线长约 197 km，外海延伸至离岸约 50 km 的海域。模型包含秦皇岛 9 大主要入海河口（汤河和小汤河均由汤河口入海），沿岸线从北向南依此为：石河口、汤河口、新河口、戴河口、洋河口、人造河口、东沙河口、大蒲河口和滦河口。

秦皇岛近岸海域数学模型的岸线来源于 Google earth 的最新岸线，计算网格为无结构三角形网格（见图 4.2），网格节点共计 2 942 个，三角形单元共计 5 418 个。网格分辨率按研究需求进行控制，河口海岸地区网格较密，分辨率可达 15 m，外海网格较为稀疏，边界处

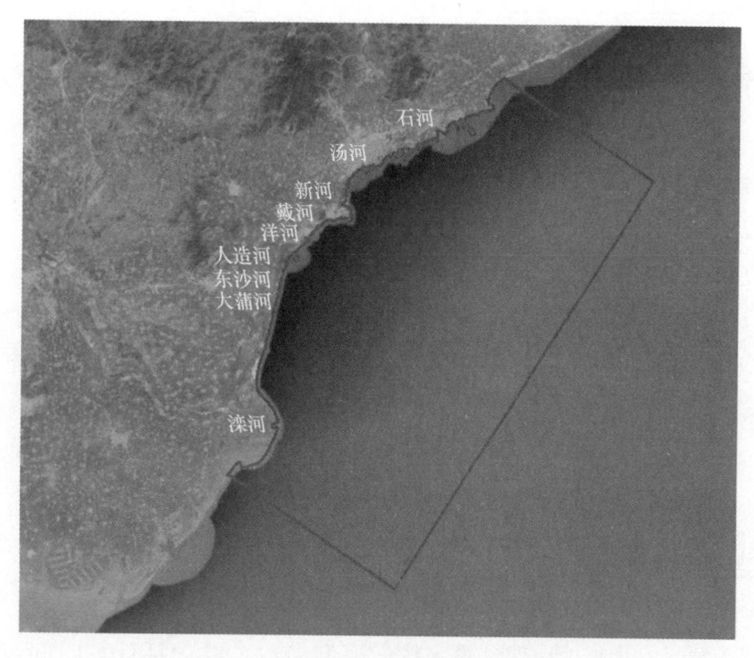

图 4.1　秦皇岛近岸海域数学模型研究范围

分辨率约为 6 600 m。计算区域地形数据通过对 2009 年版 1：50 000 地形图，以及 2009 年、2011 年航片资料进行数字化处理，并配合 2009 年和 2011 年实测近岸详细地形水深数据和 2013 年河道地形实测数据得到一整套完整的数字地形资料。

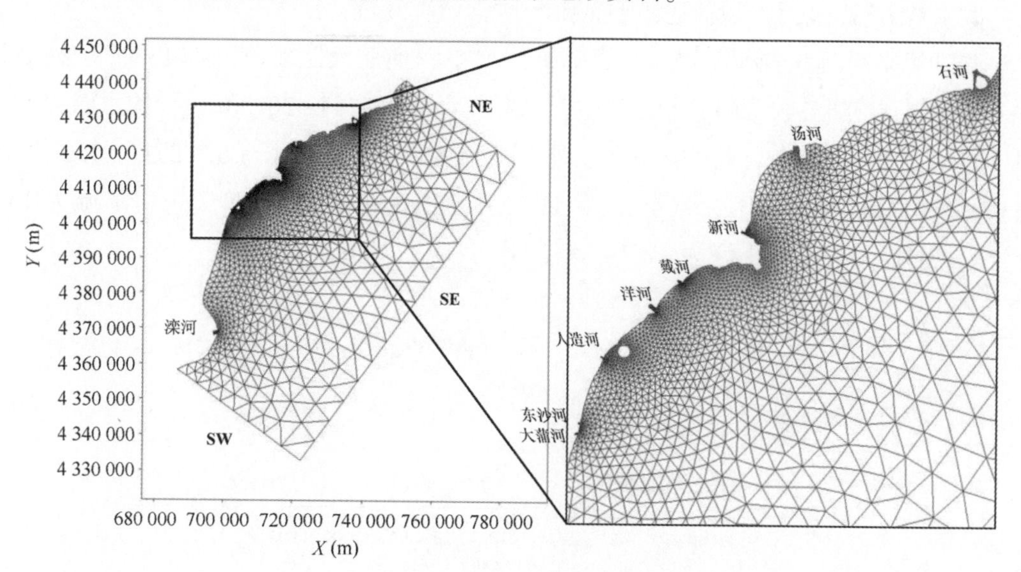

图 4.2　秦皇岛近岸海域数学模型网格

4.1.2 边界条件

秦皇岛近岸海域数学模型共有3个外海开边界（SW、SE和NE），9个河流入海口开边界以及岸线闭边界（见图4.2）。水动力模型外海开边界采用Flather条件控制（Flather条件包括流速和水位条件，其对于连接规模较大的区域边界到规模较小的区域边界的模型模拟非常有效，可有效避免模型计算的不稳定性[43]），其潮位和流速过程由渤海潮流模型[41]（边界为大连到烟台）提供；河流入海口开边界由2013年实测各月平均流量控制；侧向固边界采用不可滑移条件，即流速为零。污染物输运模型外海开边界条件由本底污染物浓度控制；河流入海口开边界由2013年各月COD浓度实测值控制。

4.1.3 模型参数选取

秦皇岛近岸海域水动力和污染物输运数学模型参数主要包括计算时间步长、水平涡黏性系数、曼宁系数、水平扩散系数、水温、COD在20℃时的降解系数和COD的Arrhenius温度系数等。模型的计算时间步长采用0.001~2 s的变化时间步长，从而保证模型计算过程中始终满足Courant数小于1，利于模型计算稳定。水平涡黏性系数A采用Samagorinsky亚网格尺度模型来计算。曼宁数M由该海域海床泥沙中值粒径和水深综合确定，平均值为74 $m^{1/3}/s$。水平扩散系数D_h通过污染物输运模型率定，取常值120 m^2/s。

水温过程采用河北省地矿局秦皇岛矿产水文工程地质大队实测的2013年秦皇岛近岸海域日平均水温（图4.3），2013年秦皇岛近岸海域水温为-1.7~28.3℃，平均水温为11.7℃。其中，春季（3—5月）水温为0~19℃，平均水温为7.4℃；夏季（6—8月）水温为16.3~28.3℃，平均水温为23.7℃；秋季（9—11月）水温为4.3~24.7℃，平均水温为14.7℃；冬季（1—2月和12月）水温为-1.7~5℃，平均水温为1℃。

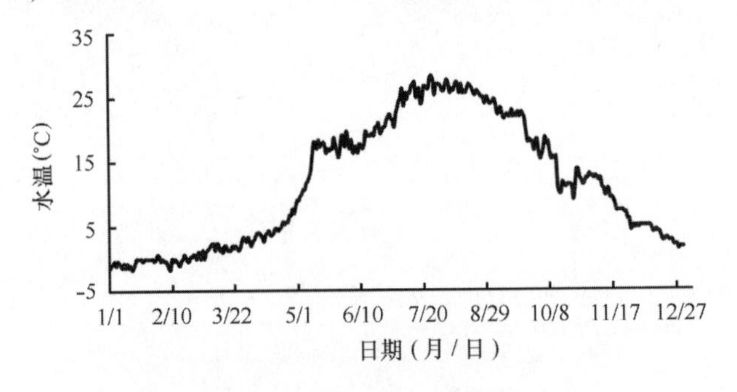

图4.3 2013年秦皇岛近岸海域实测水温

国内外研究认为，河口海湾地区COD的降解系数要小于河流湖泊，一般小于0.1 /d。季民等[29]通过COD生物化学降解试验研究发现渤海湾天津塘沽大沽口排污河口附近海域的COD降解系数在0.023~0.076 /d之间；刘浩和尹宝树[44]在辽东湾环境容量研究中，通过对记录数据进行非线性回归分析和用温度对分析结果进行校正，确定辽东湾 COD 降解系数 0.03/d；高璞等[45]在渤海 COD 分布数值模拟中取 20℃时 COD 的分解速度为 0.02 /d。秦皇岛陆源污染物经河流流入近岸海域，很多河口均建有橡胶坝，COD 等污染物并非立即入海，而在河流中停留较长时间，已有初步降解，进入近岸海域后较难降解，其降解系数相对较小。研究表明，海域中 COD 降解系数随初始浓度的增大而增大，温度越高，降解速率受 COD 初始浓度影响的程度越大[46,47]。结合秦皇岛近岸海域实测 COD 浓度分布规律，并通过模型率定，取 COD 在 20℃时的降解系数 K_{20} 为 0.01~0.04/d，近岸海域 COD 降解系数较大，外海较小；COD 的 Arrhenius 温度系数 θ_{COD} 通过模型率定取 1.02。模型初始 COD 浓度设为本底 COD 浓度 1.3 mg/L。

4.2　秦皇岛近岸海域数学模型验证

4.2.1　二维水动力模型验证

水动力模型验证包括 2013 年 5 月 11—12 日和 16—17 日的大小潮潮位、流速和流向验证。

4.2.1.1　潮位验证

秦皇岛近岸海域水动力数学模型 2013 年 5 月大小潮潮位验证如图 4.4 所示，其中大小潮潮位验证资料分别采用 2013 年 5 月 11 日 0：00 至 12 日 24：00 和 16 日 0：00 至 17 日 24：00的秦皇岛潮位站实测潮位过程，验证点位置如图 2.1 所示。潮位计算值在相位和趋势上与实测值基本吻合，潮位大小略有偏差，主要是由于秦皇岛潮位站位置靠近海岸线，近岸海域地形复杂，且站点处于无潮点影响范围内，潮波变形较大等原因。

4.2.1.2　潮流验证

秦皇岛近岸海域水动力数学模型大小潮流速流向验证如图 4.5 和图 4.6 所示，其中大小潮流速流向验证资料分别采用河北省海洋环境监测中心于 2013 年 5 月 11 日 8：00 至 12 日 8：00和 16 日 8：00 至 17 日 8：00 在秦皇岛近岸海域 SDL01~SDL10 站点实测潮流过程，验证点位置如图 2.1 所示。模型在大小潮期间的涨落潮流速和流向过程的计算值在相位和数值上与实测值均较为吻合，部分站点计算流速和流向在数值上与实测值有一定误差，这主要是由于水动力模型中部分物理参数采用了平均值，且秦皇岛近岸海域位于渤海无潮点附近，潮波变化复杂。总体上，水动力数学模型较好地模拟了秦皇岛近岸海域水动力变化特征。

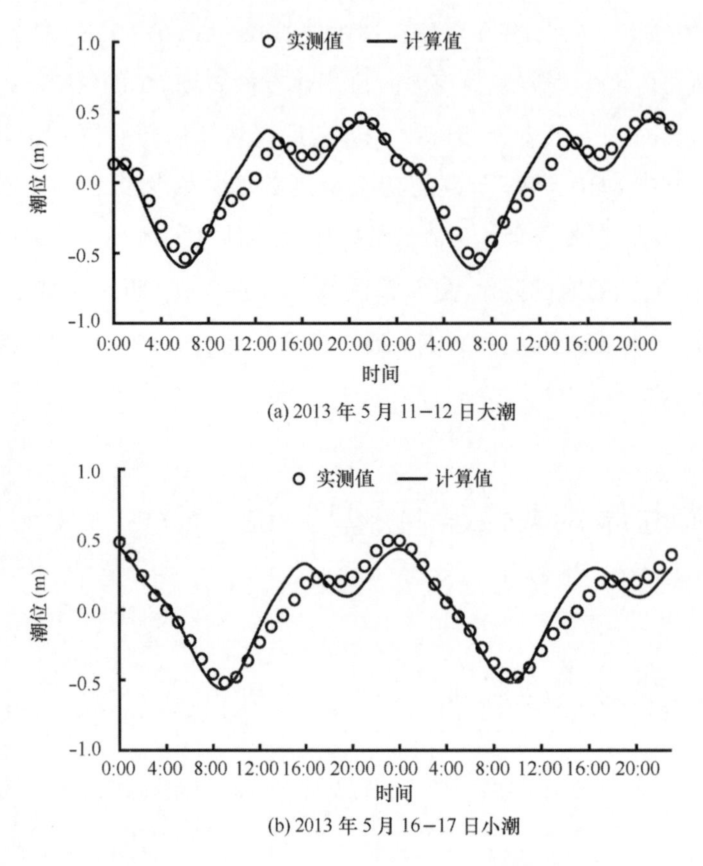

(a) 2013 年 5 月 11−12 日大潮

(b) 2013 年 5 月 16−17 日小潮

图 4.4　秦皇岛 2013 年 5 月大、小潮潮位验证

4.2.2　三维水动力模型验证

秦皇岛近岸海域三维水动力模型潮流验证如图 4.7 和图 4.8 所示，三维潮流验证包括 2013 年 5 月 11—12 日和 16—17 日的大小潮的流速和流向验证。

大潮计算潮流过程与实测潮流过程比较（见图 4.7）显示出中层和底层的涨、落潮流速与流向过程的计算值在相位和数值上都与实测值拟合较好，而表层的流速较实测值偏小，这可能是由于表层流速受风、浪等影响，而潮流数学模型验证时未考虑这些因素。

小潮计算潮流过程与实测潮流过程比较（见图 4.8）显示出表层、中层、底层的涨、落潮流速与流向过程的计算值在相位和数值上都与实测值拟合较好，且较大潮时好。因此，该三维水动力能够满足计算精度要求。同时三维水动力计算表明表、中、底层转流时间较一致，河流径流小，近岸水体无明显分层现象，因此以后计算采用二维数学模型。

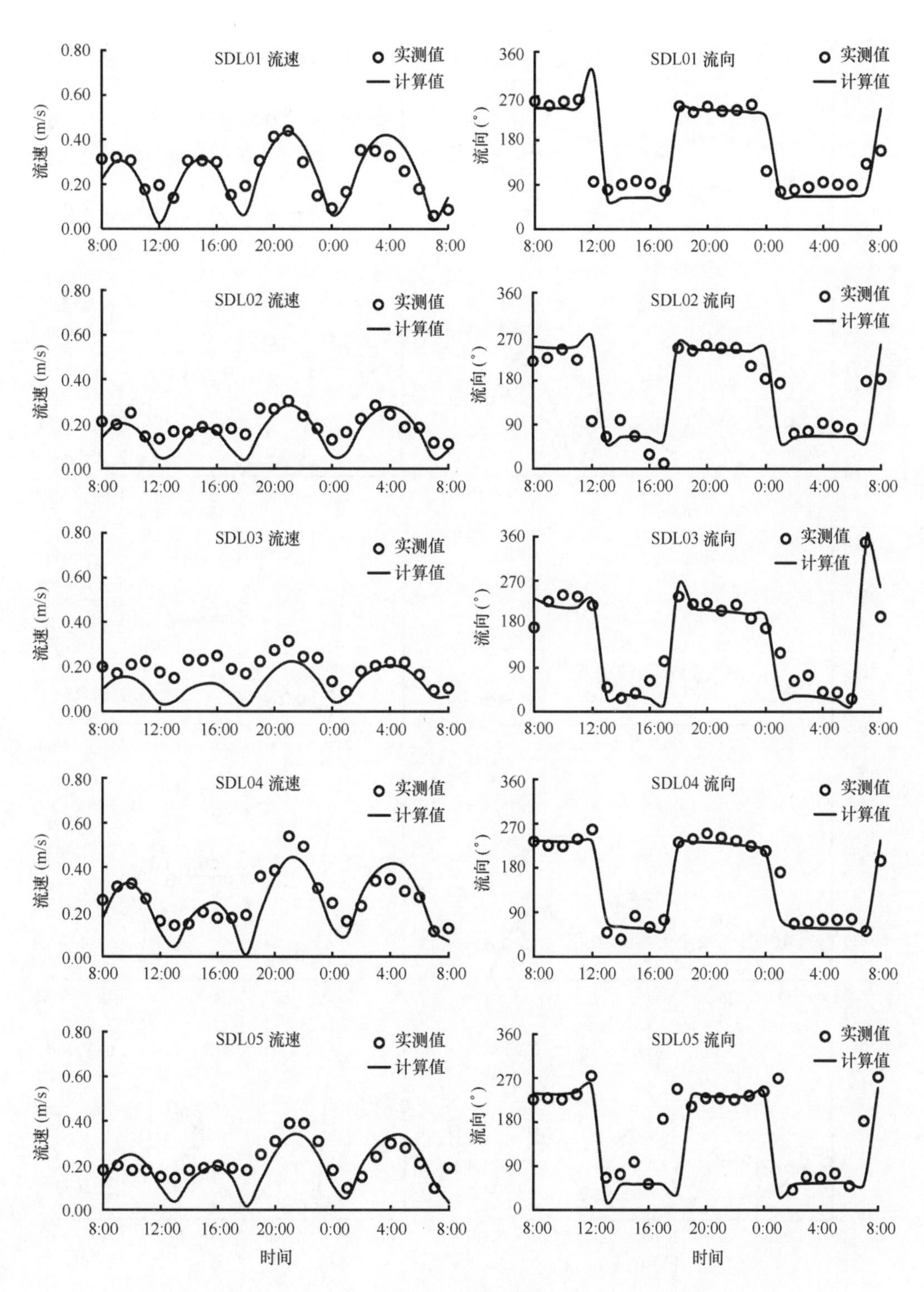

图4.5　2013年5月11—12日大潮垂向平均流速和流向验证

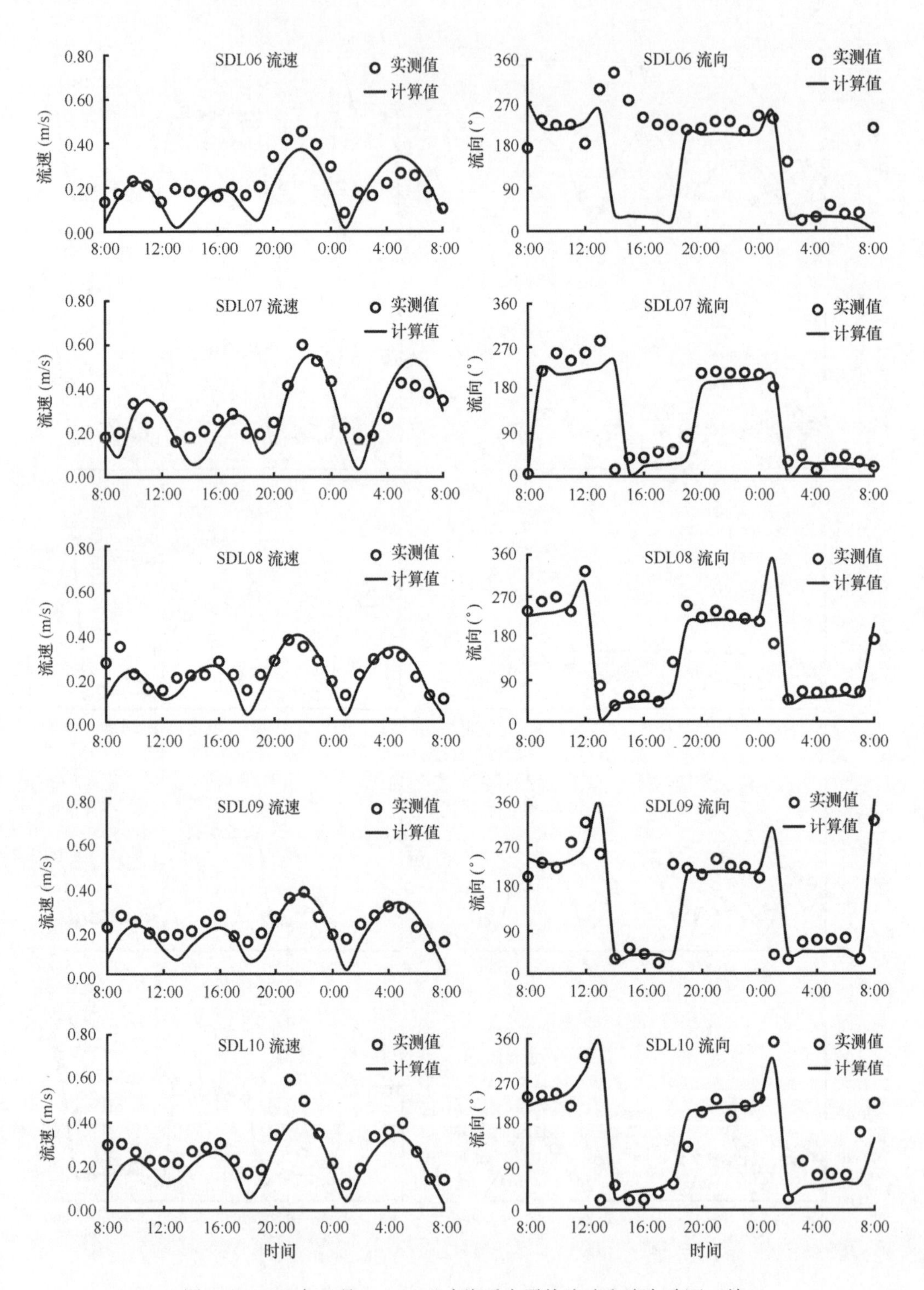

图 4.5 2013 年 5 月 11—12 日大潮垂向平均流速和流向验证（续）

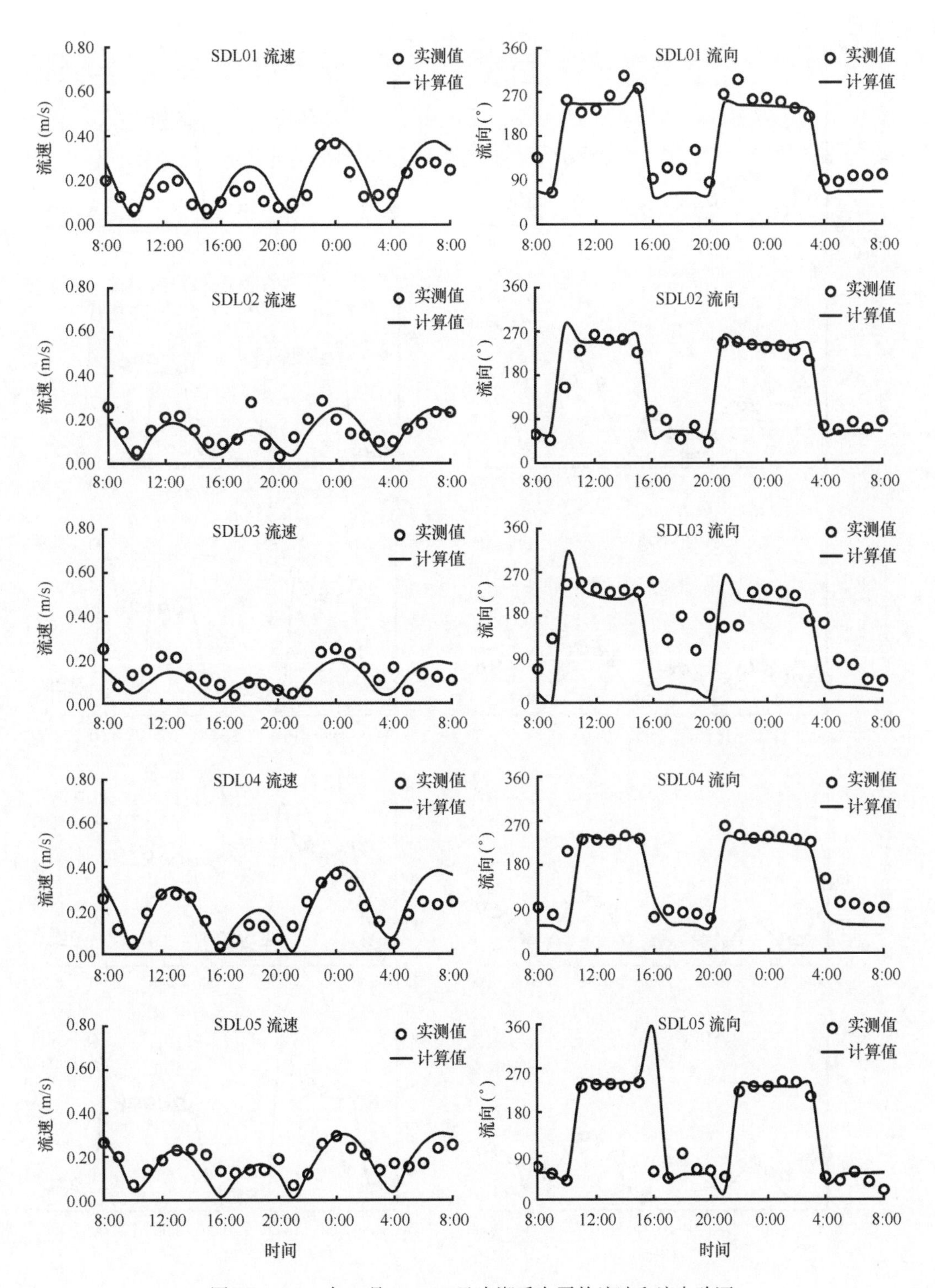

图 4.6　2013 年 5 月 16—17 日小潮垂向平均流速和流向验证

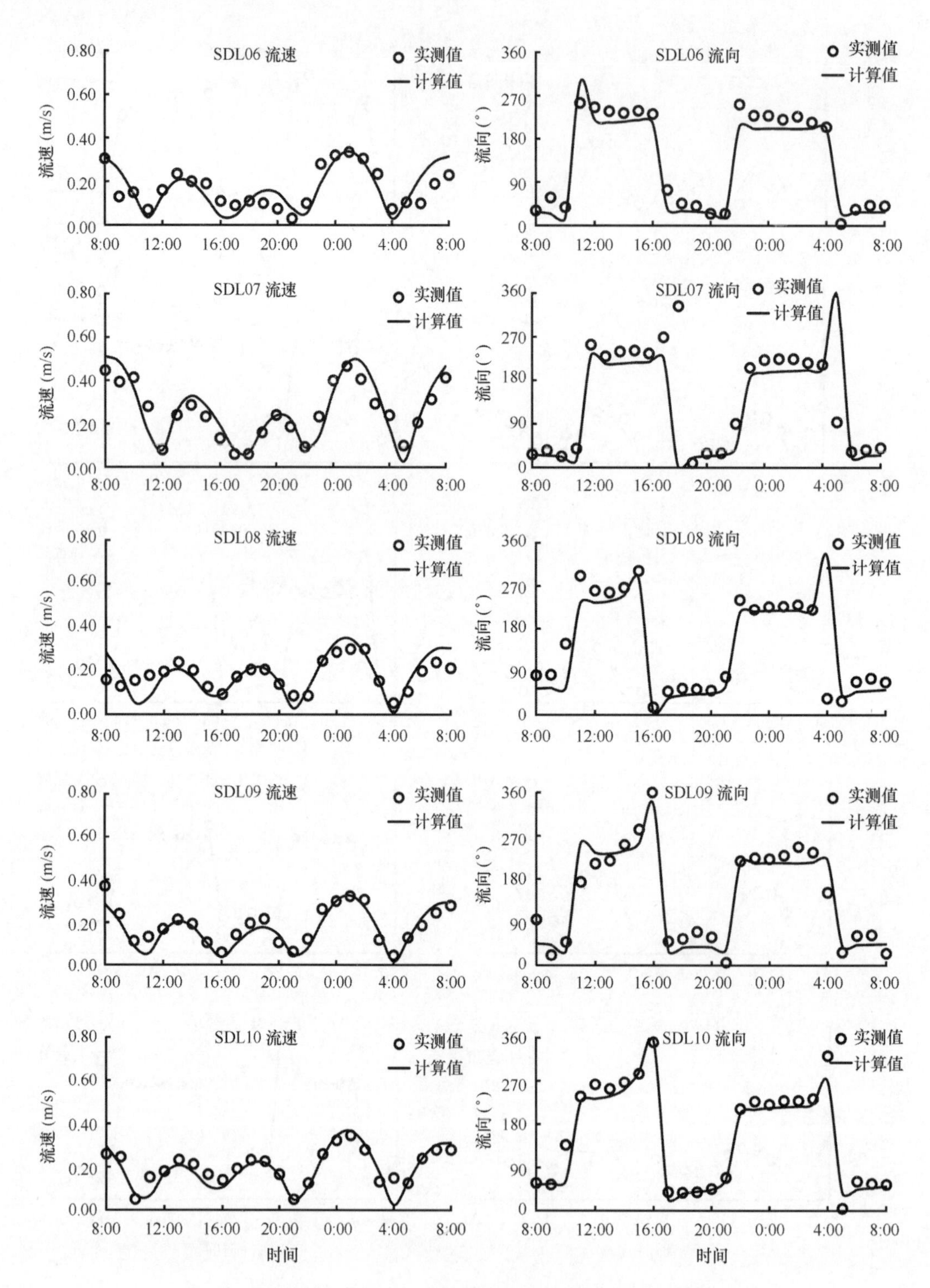

图 4.6 2013 年 5 月 16—17 日小潮垂向平均流速和流向验证（续）

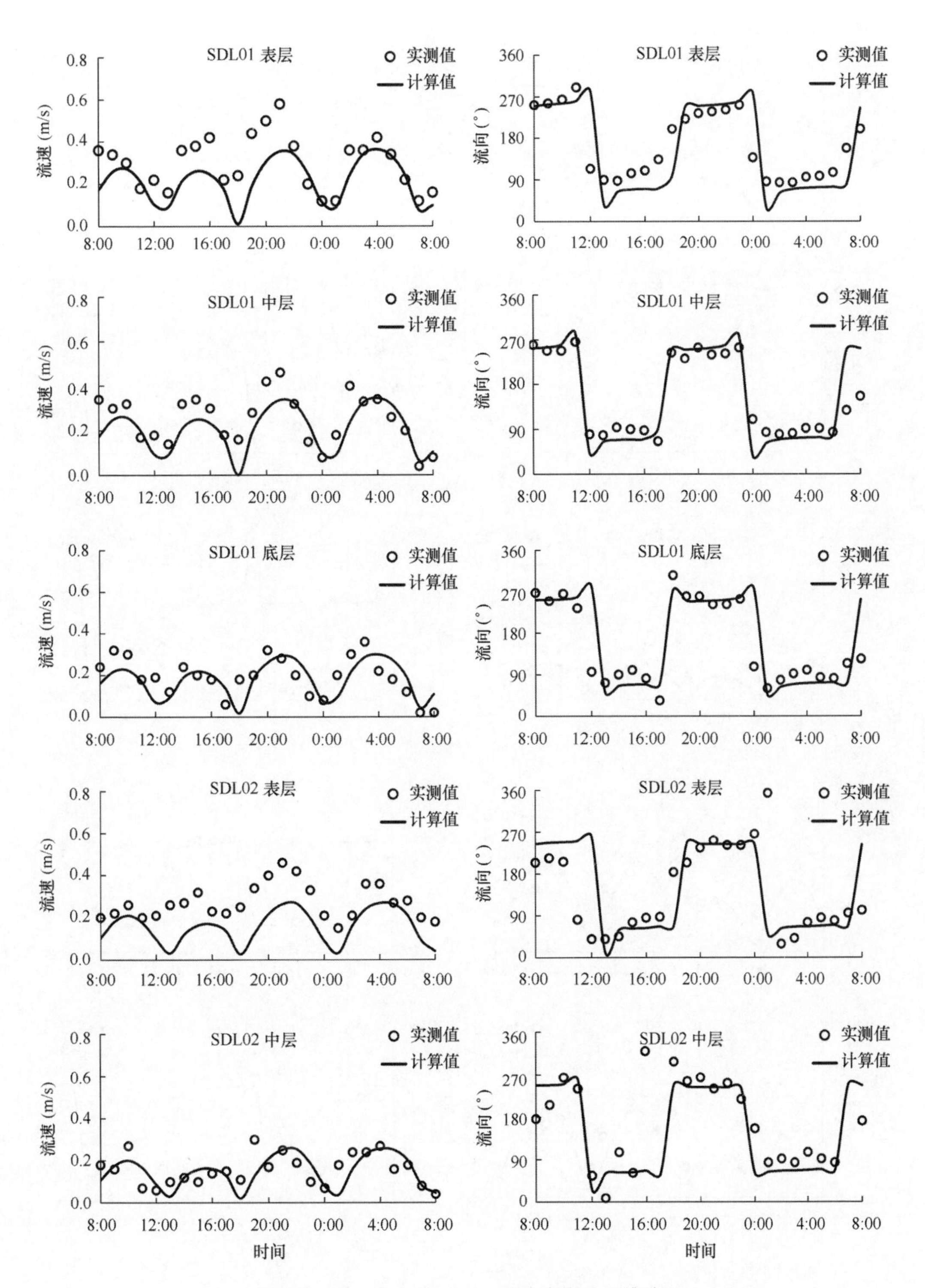

图 4.7 2013 年 5 月 11—12 日大潮潮流三维验证

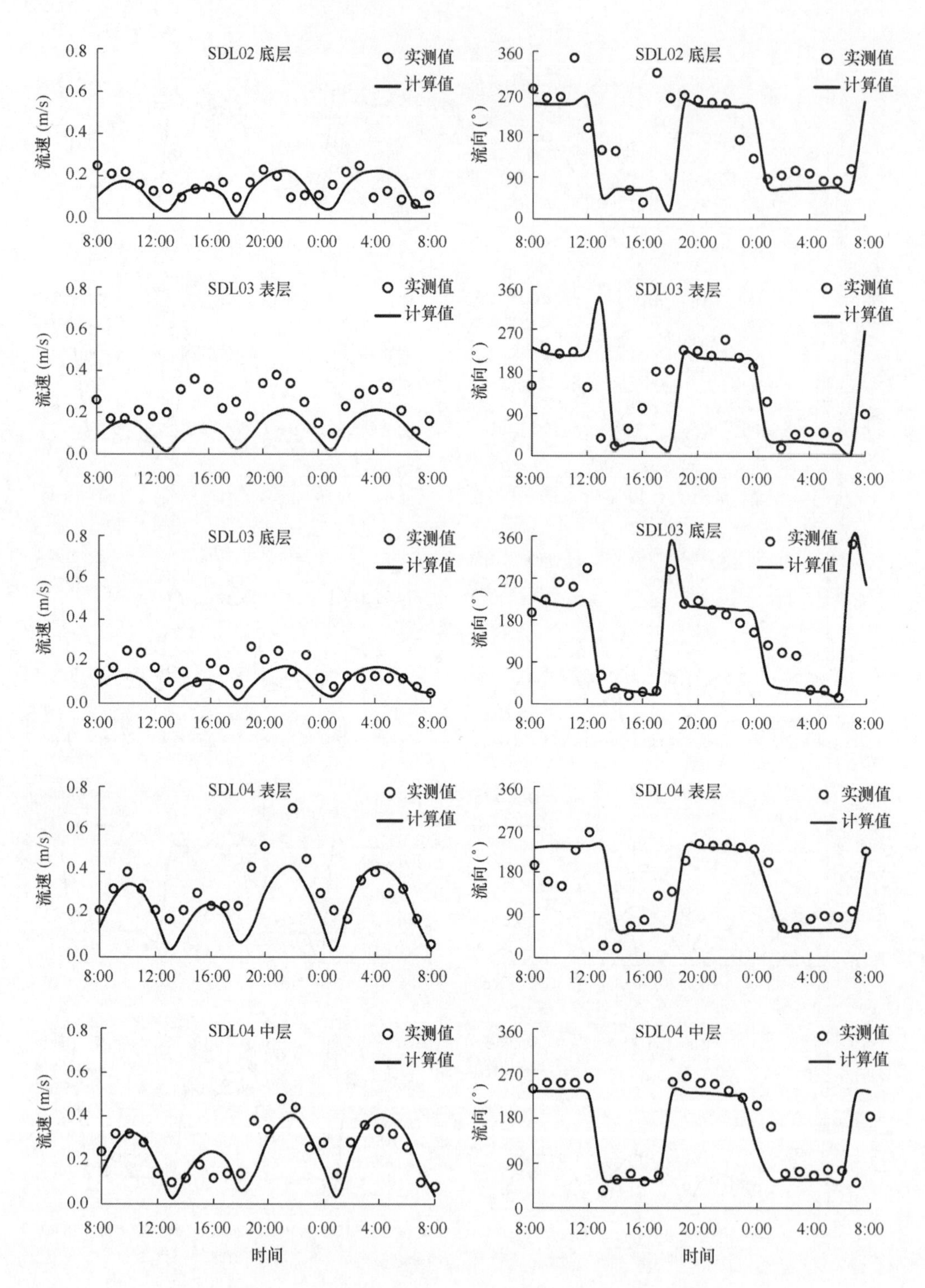

图 4.7　2013 年 5 月 11—12 日大潮潮流三维验证（续）

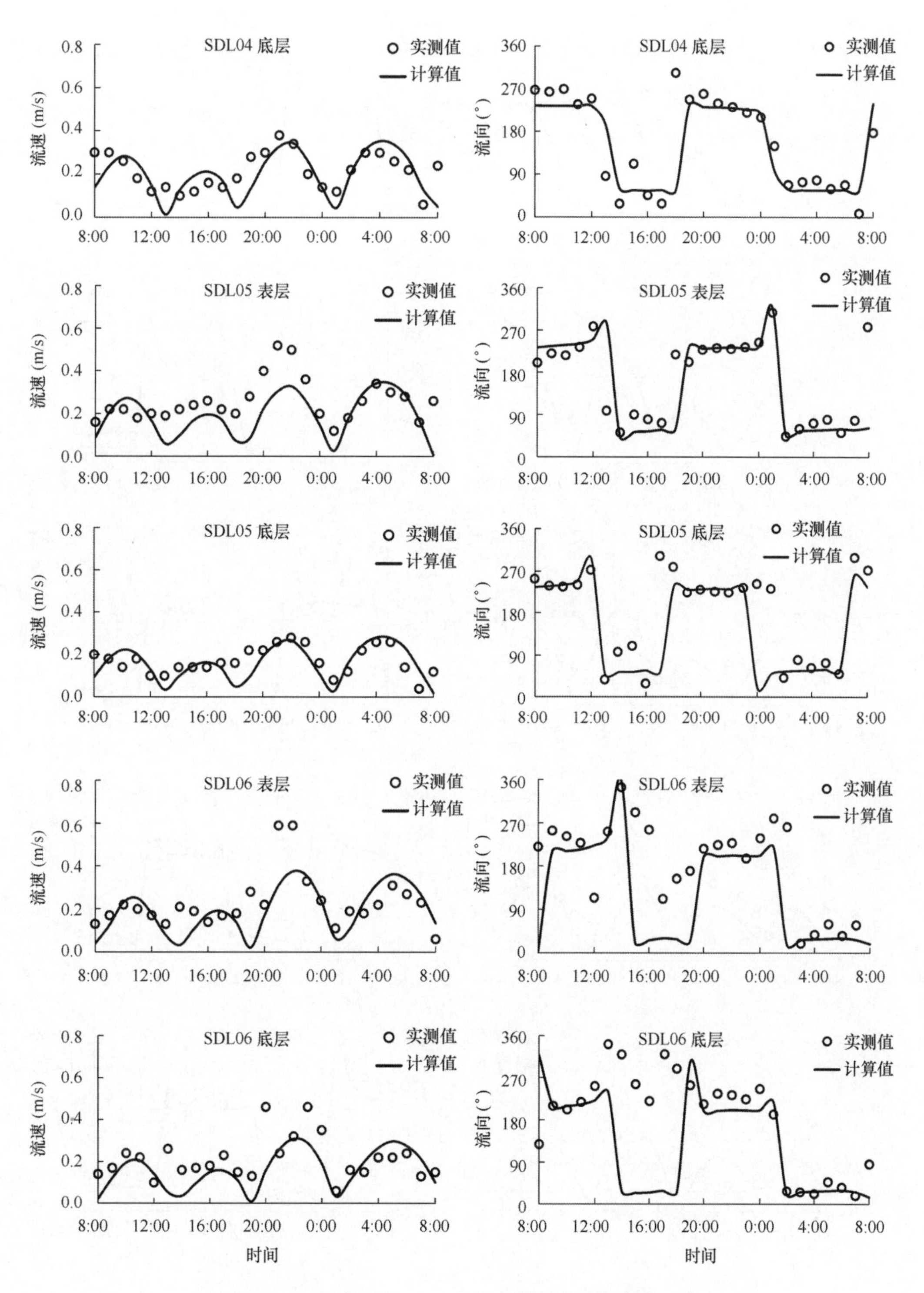

图 4.7　2013 年 5 月 11—12 日大潮潮流三维验证（续）

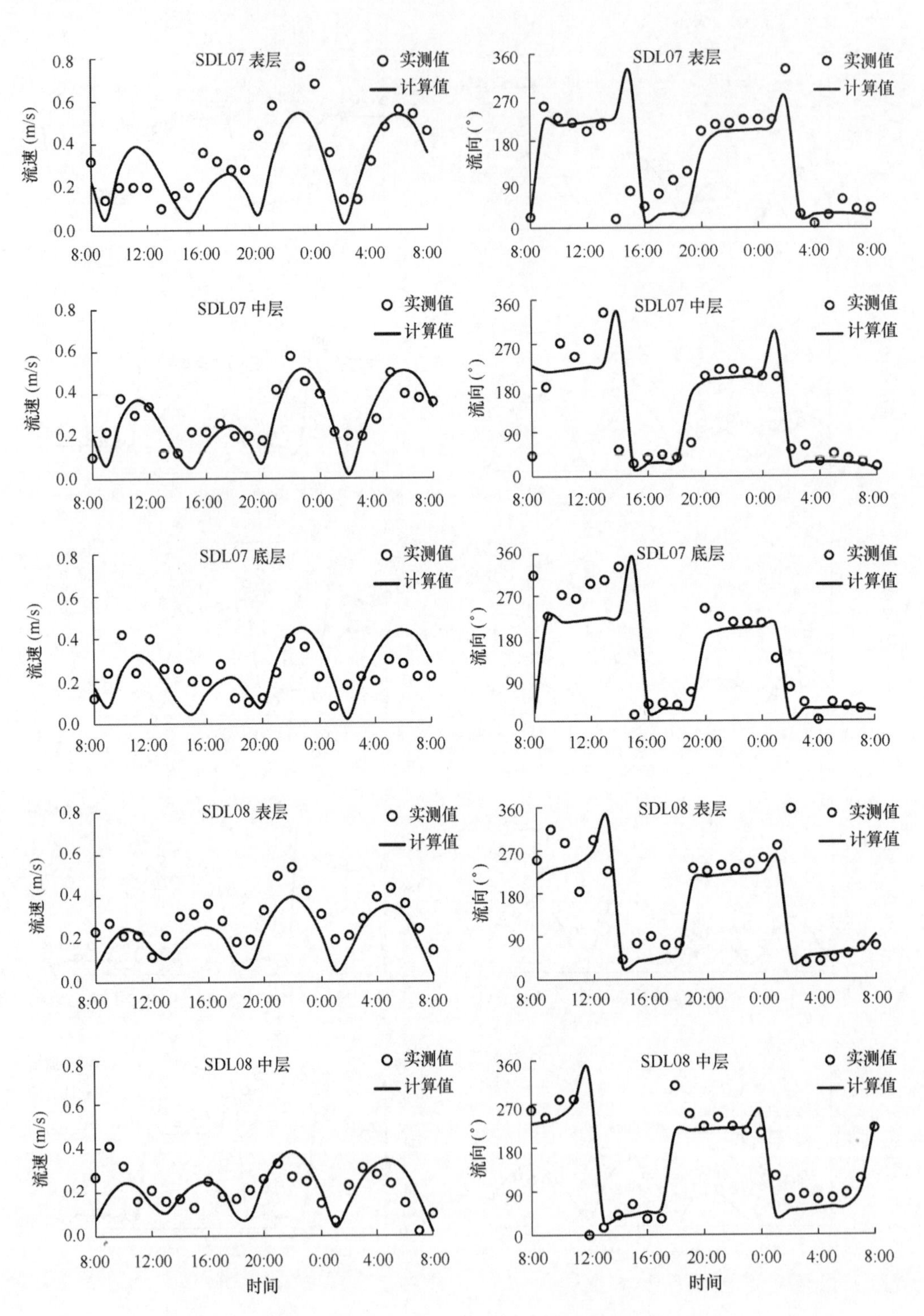

图 4.7　2013 年 5 月 11—12 日大潮潮流三维验证（续）

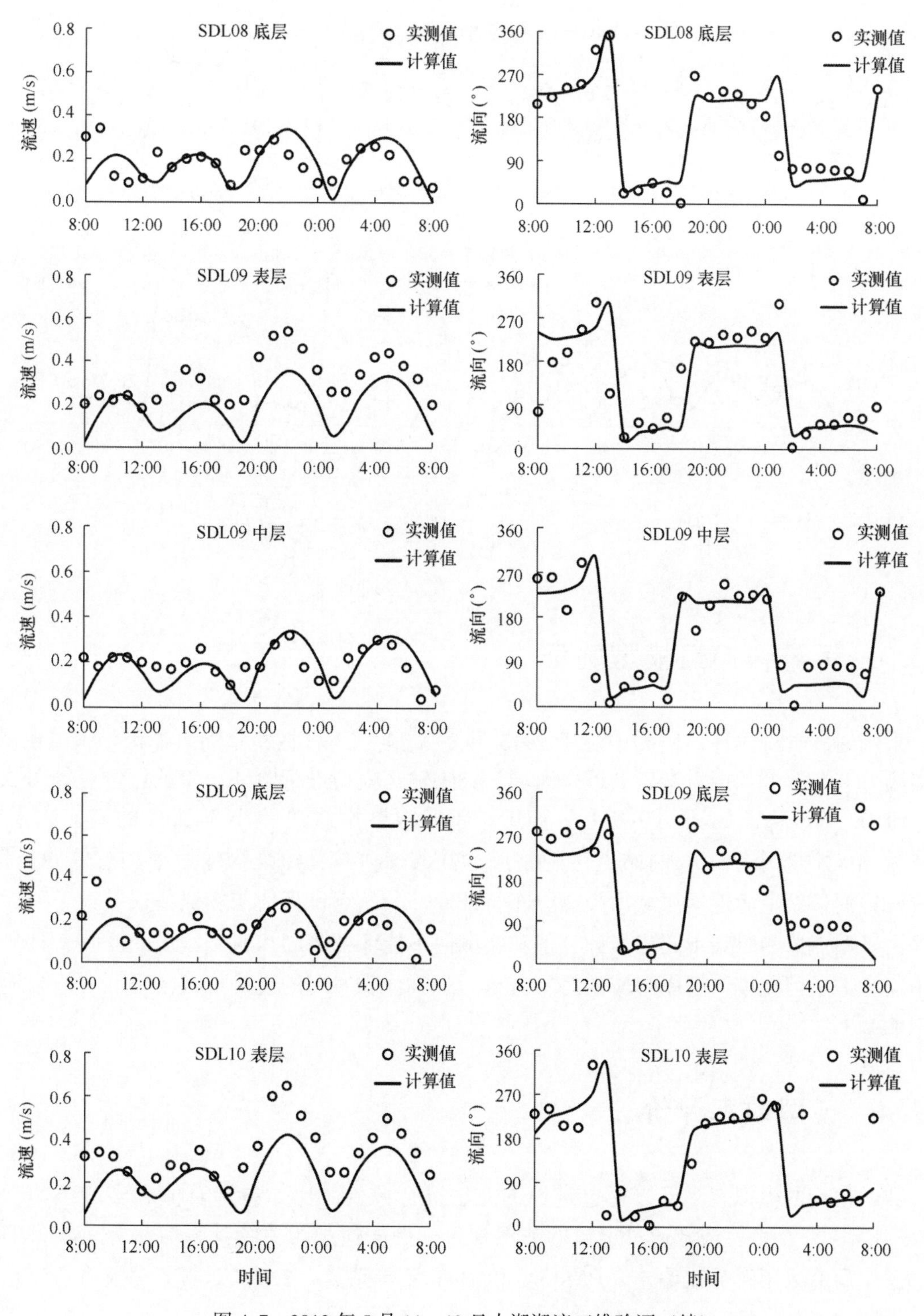

图 4.7　2013 年 5 月 11—12 日大潮潮流三维验证（续）

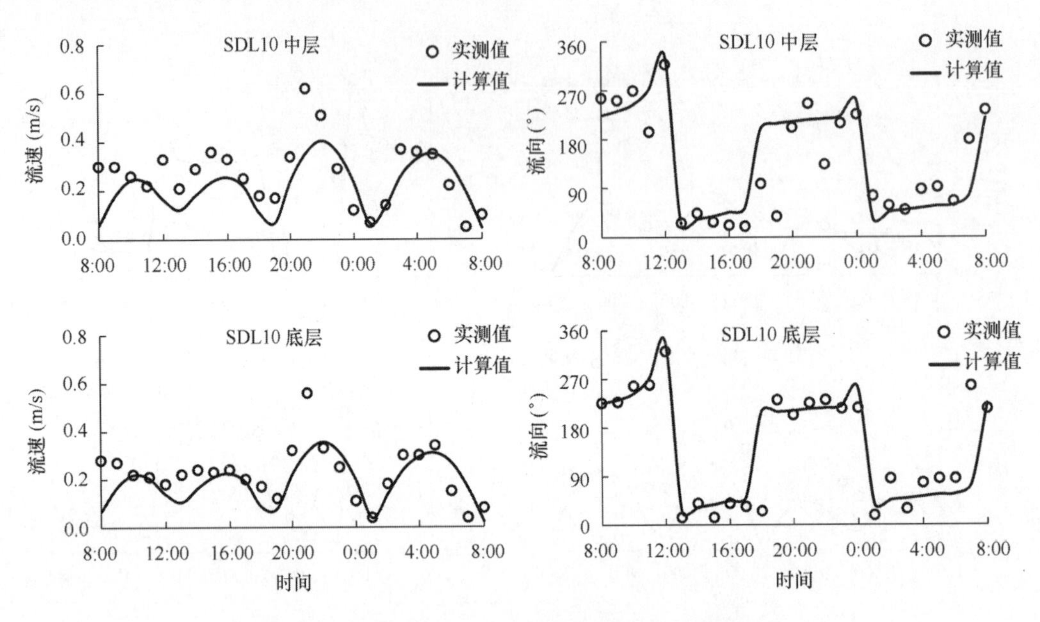

图 4.7　2013 年 5 月 11—12 日大潮潮流三维验证（续）

4.2.3　污染物输运模型验证

采用河北省海洋环境监测中心于 2013 年 8 月 11—23 日在秦皇岛近岸海域 Q01 ~ Q28 站点实测 COD_{Mn}浓度数据对秦皇岛近岸海域污染物输运模型进行验证，验证点位置如图 2.8 所示。COD_{Mn}浓度验证如图 4.9 所示，COD_{Mn}计算结果相对误差小于 20%的站点占总数的 100%，相对误差小于 10%的站点达到站点总数的 78.6%，污染物输运模型总体验证良好，能较好地模拟秦皇岛近岸海域污染物分布特征。部分站点计算值与实测值误差大于 15%，可能是由于站点监测时间不同步，计算值和实测值不能保证为同一时刻水质的反映，且数学模型中仅考虑了河流进入近岸海域的污染，未考虑其他临时性的直排口及浴场开放等当地因素的影响。

4.2.4　模型效率评价

数学模型的模拟效率可以通过定性的方法进行评价，比如看计算值和实测值的吻合度（见图 4.4 ~ 图 4.9）；或者通过定量的方法评价，例如通过相关统计系数来分析模型的计算效率。本研究采用百分比偏差（*PBIAS*）和 Theil 不等系数（*TIC*）对秦皇岛近岸海域水动力和污染物输运数学模型进行评价。

PBIAS 系数如式（4.1）所示：

$$PBIAS = \left| \frac{\sum_{i=1}^{N}(M - C)}{\sum_{i=1}^{N} M} \right| \times 100 \tag{4.1}$$

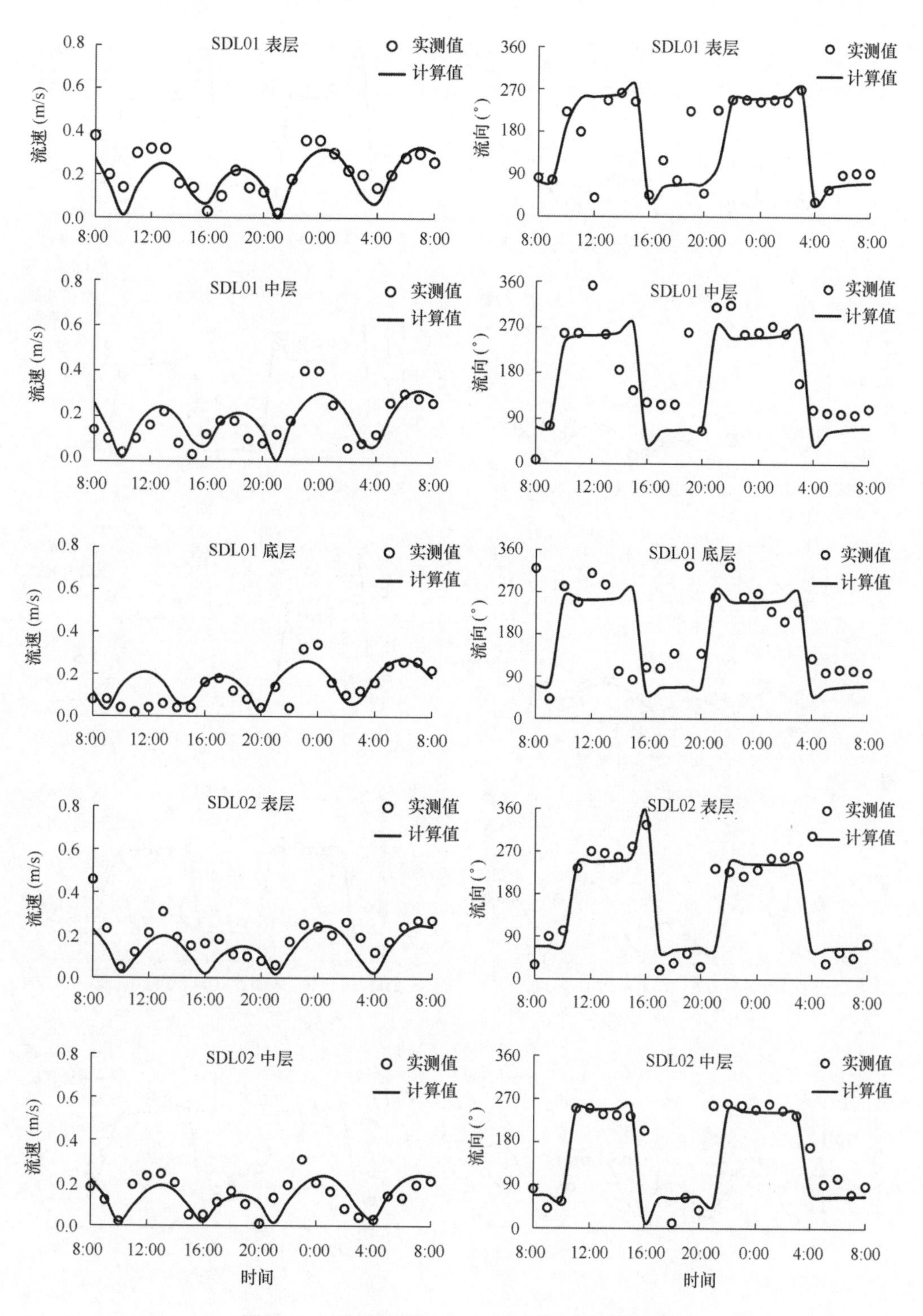

图4.8 2013年5月16—17日小潮潮流三维验证

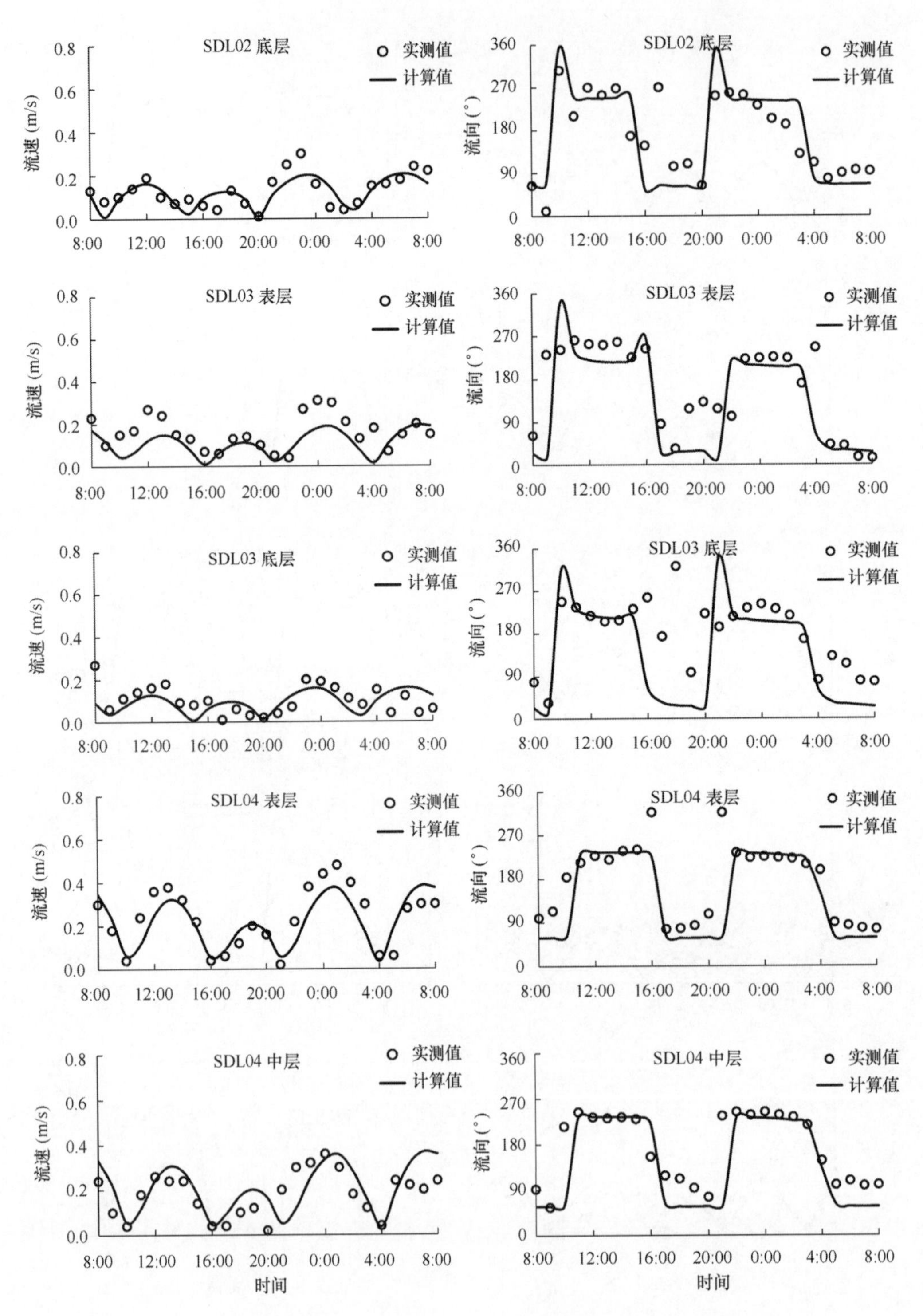

图 4.8　2013 年 5 月 16—17 日小潮潮流三维验证（续）

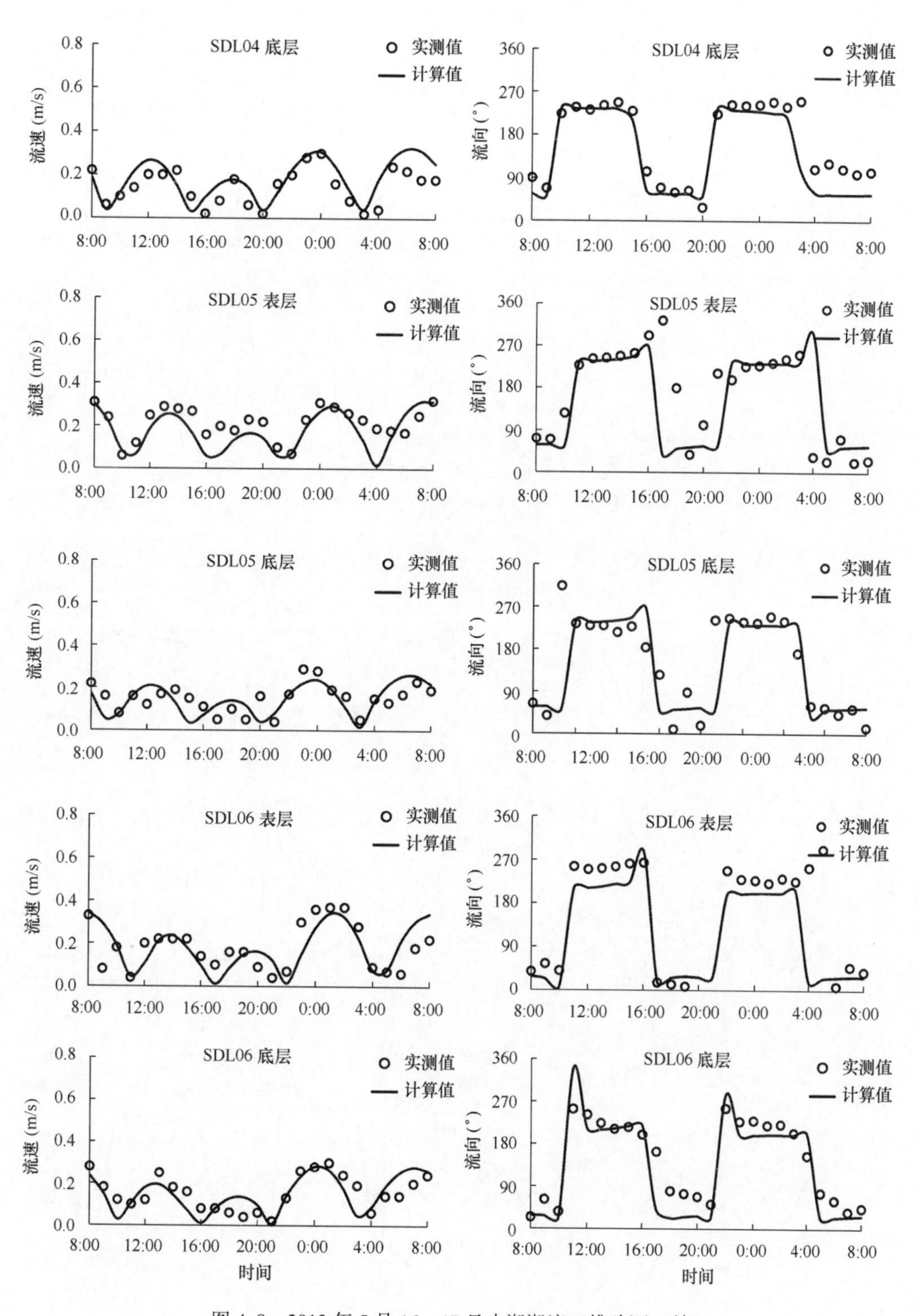

图4.8　2013年5月16—17日小潮潮流三维验证（续）

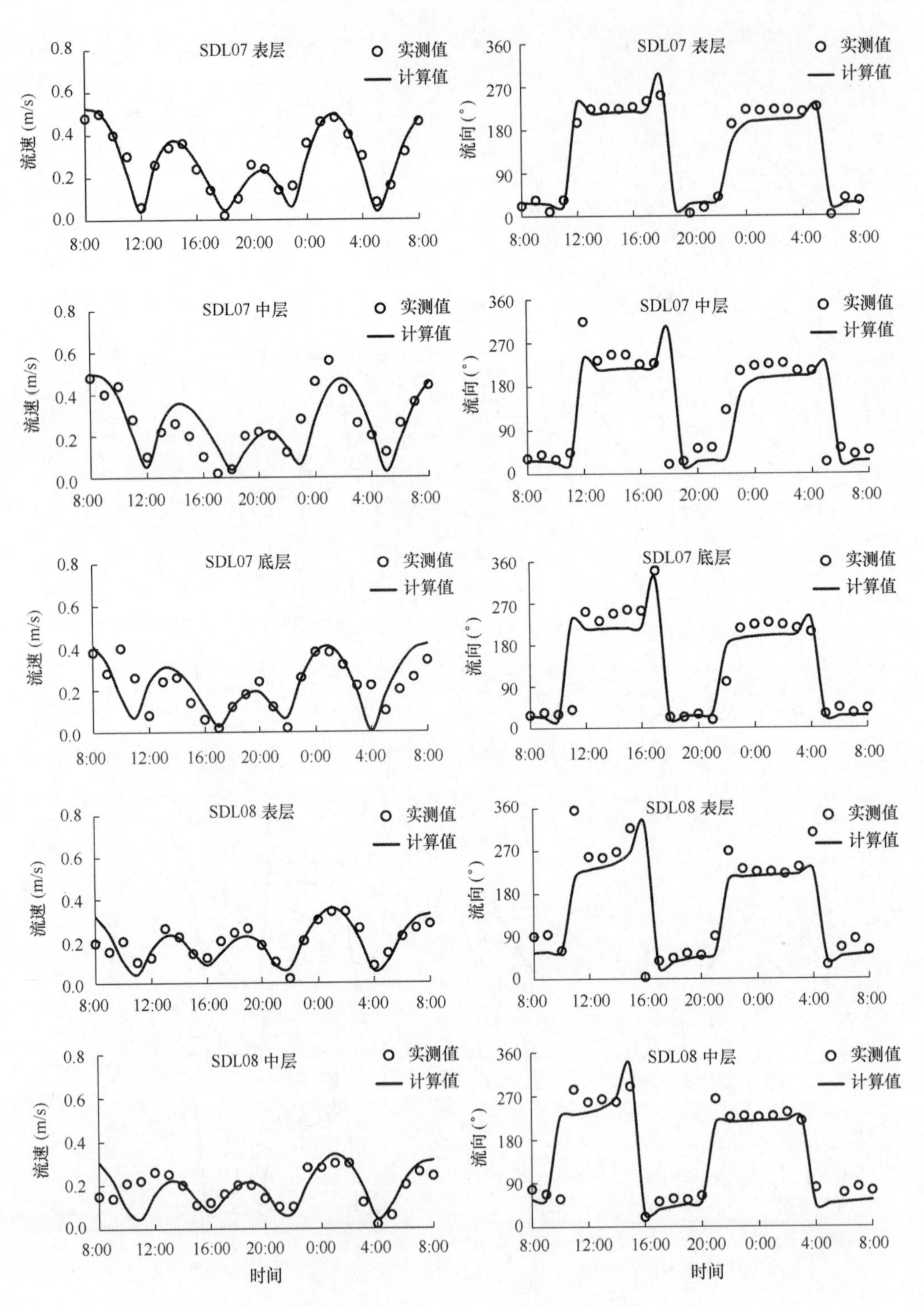

图 4.8　2013 年 5 月 16—17 日小潮潮流三维验证（续）

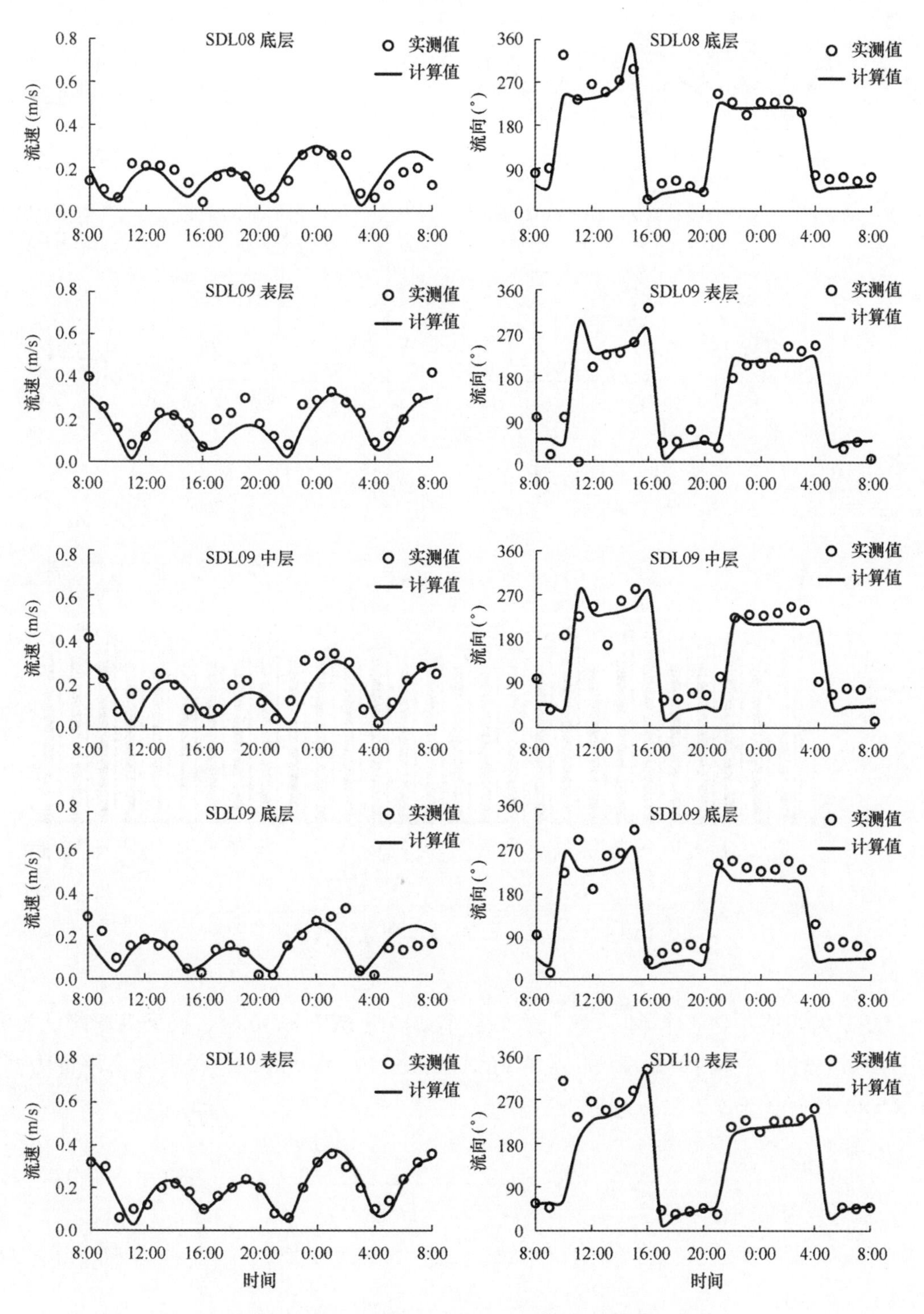

图4.8 2013年5月16—17日小潮潮流三维验证（续）

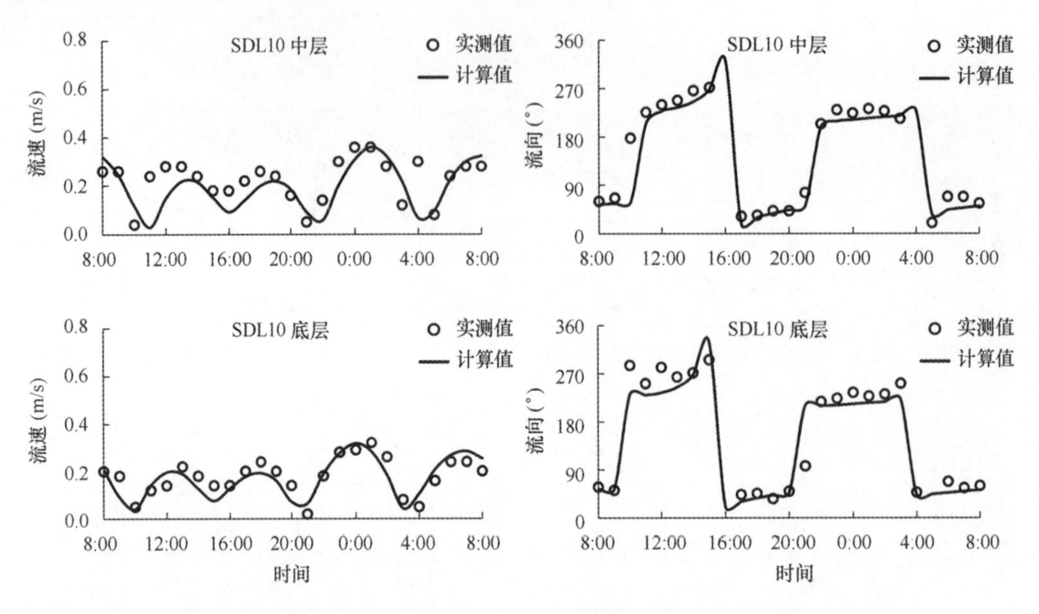

图 4.8　2013 年 5 月 16—17 日小潮潮流三维验证（续）

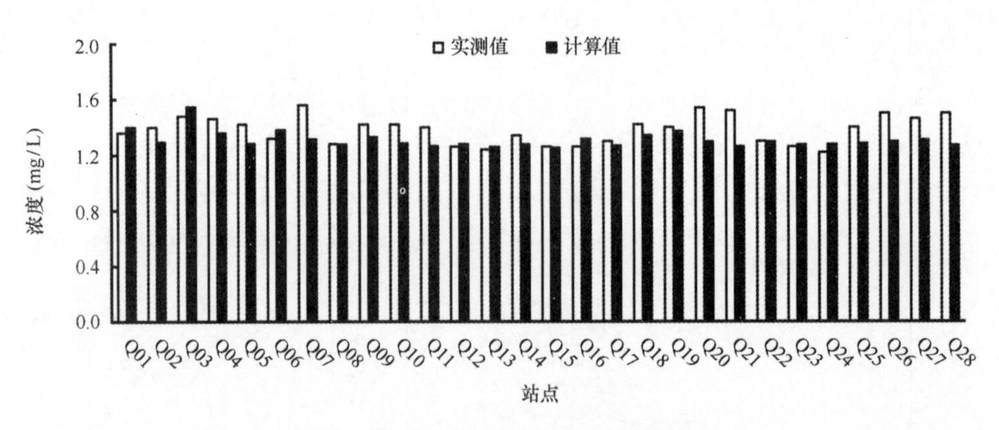

图 4.9　秦皇岛近岸海域 COD_{Mn} 浓度验证

式中：M 是实测值；C 是计算值；N 是实测值个数。当 $PBIAS<10$ 时，模型效率评价为极好；当 $10 \leqslant PBIAS<20$ 时，模型效率评价为很好；当 $20 \leqslant PBIAS<40$ 时，模型效率评价为好；当 $PBIAS \geqslant 40$ 时，模型效率评价为差[48]。

TIC 系数如式（4.2）所示：

$$TIC = \frac{\sqrt{\frac{1}{N}\sum_{i=1}^{N}(C-M)^2}}{\sqrt{\frac{1}{N}\sum_{i=1}^{N}C^2}+\sqrt{\frac{1}{N}\sum_{i=1}^{N}M^2}} \tag{4.2}$$

当 $TIC<0.5$ 时，模型效率评价为好；当 $TIC>0.5$ 时，模型效率评价为差[49]。

经计算，秦皇岛近岸海域水动力和污染物输运数学模型 $PBIAS$ 和 TIC 系数评价见表 4.1。除秦皇岛站小潮潮位和个别站点流速 $PBIAS$ 评价为好外，其余项目均为很好或极好。

潮位、流速和 COD_{Mn} 浓度在 *TIC* 效率评价下均为好。因此，秦皇岛近岸海域水动力和污染物输运数学模型模拟结果可靠，可较好地反映秦皇岛近岸海域水动力和污染物分布特征。

表 4.1　二维模型效率评价

评价项目			*PBIAS*	效率评价	*TIC*	效率评价
潮位	大潮	秦皇岛	16.04	很好	0.17	好
	小潮	秦皇岛	23.17	好	0.16	好
流速	大潮	SDL01	3.41	极好	0.12	好
		SDL02	19.96	很好	0.16	好
		SDL03	38.57	好	0.26	好
		SDL04	10.29	很好	0.14	好
		SDL05	14.02	很好	0.16	好
		SDL06	17.91	很好	0.18	好
		SDL07	6.16	极好	0.12	好
		SDL08	11.67	很好	0.13	好
		SDL09	18.66	很好	0.16	好
		SDL10	23.74	好	0.16	好
	小潮	SDL01	23.98	好	0.16	好
		SDL02	12.07	很好	0.16	好
		SDL03	15.80	很好	0.22	好
		SDL04	14.56	很好	0.15	好
		SDL05	7.74	极好	0.14	好
		SDL06	1.57	极好	0.15	好
		SDL07	3.77	极好	0.09	好
		SDL08	2.30	极好	0.13	好
		SDL09	9.17	极好	0.09	好
		SDL10	5.51	极好	0.09	好
COD_{Mn}浓度		秦皇岛近岸海域	5.27	极好	0.05	好

4.3　秦皇岛近岸海域水动力和污染分布特征[50-52]

选取 2013 年 8 月 18—19 日大潮分析秦皇岛近岸海域水动力和污染物分布特征，并分析风对秦皇岛近岸海域水动力和污染物分布的影响。

4.3.1　水动力特征

秦皇岛近岸海域位于渤海无潮点附近，其南北两侧海域潮流转流时间不同步，选择洋河口外T1（坐标X=716 204.54，Y=4 398 590.3）为参考点来判别涨落潮典型时刻，分析秦皇岛近岸海域的水动力特征。T1点流速和流向过程如图4.10所示。涨急、涨憩、落急和落憩时刻分别为8月18日18：00、21：00，8月19日1：00和4：00。

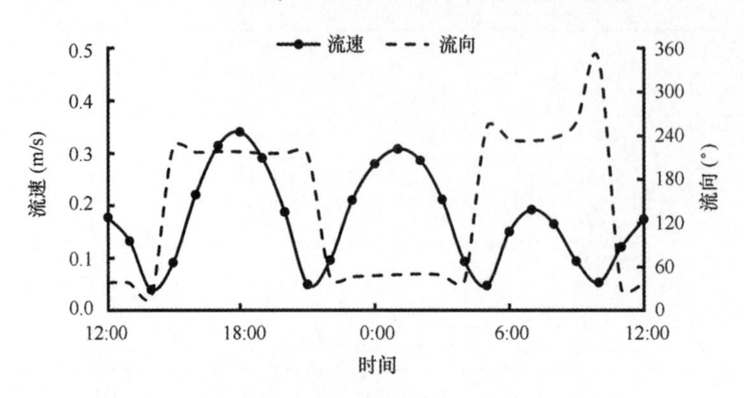

图4.10　T1流速和流向过程（2013年8月18—19日）

秦皇岛近岸海域典型时刻潮流场见图4.11。秦皇岛近岸海域潮流总体特征为顺岸往复流，涨潮流为SW向，落潮流为NE向。涨急、落急时刻，近岸海域潮流流速较外海小，滦河口南部附近海域流速相对较大，为0.5~0.6 m/s。时空分布上，洋戴河口附近海域涨憩时刻，滦河口海域潮流仍有较大涨潮流速，而山海关附近海域已为落潮流，说明秦皇岛近岸海域在空间上转流时间不同步，总体表现为山海关附近海域在相位上领先滦河口附近海域。

4.3.2　污染物分布特征

秦皇岛近岸海域典型时刻COD_{Mn}浓度场如图4.12所示。COD_{Mn}输运方向与涨落潮潮流方向一致，涨潮时向SW方向输运，落潮时向NE方向输运，涨憩、落憩时刻分别输运至最远处。COD_{Mn}浓度分布由近岸向外海递减，且近岸海域浓度梯度较外海大。近岸海域COD_{Mn}浓度高于1.3 mg/L，在汤河口、戴河—人造河口、东沙河—大蒲河口和滦河口均形成较高浓度区（COD_{Mn}浓度大于1.5 mg/L包络区），其中滦河由于污染输入通量大，其河口COD_{Mn}浓度高于其他河口。落潮阶段COD_{Mn}更易从河流向海域输运，各河口COD_{Mn}较高浓度区面积较涨潮阶段大。涨憩至落憩时刻，戴河—人造河口与东沙河—大浦河口1.5 mg/L等值线连成一片，形成戴河—大浦河口COD_{Mn}较高浓度区。这是由于涨憩时刻，COD_{Mn}浓度向SW方向输运至最远，戴河、洋河和人造河均为COD_{Mn}输入通量较大河流，其河口COD_{Mn}较高浓度区已能影响至东沙河—大蒲河口，而随后的落潮阶段，河流中COD_{Mn}更易向外海输运，导致戴河—大蒲河河口海域COD_{Mn}浓度较高，形成的COD_{Mn}较高浓度区受各河流的COD_{Mn}输入的综合影响。

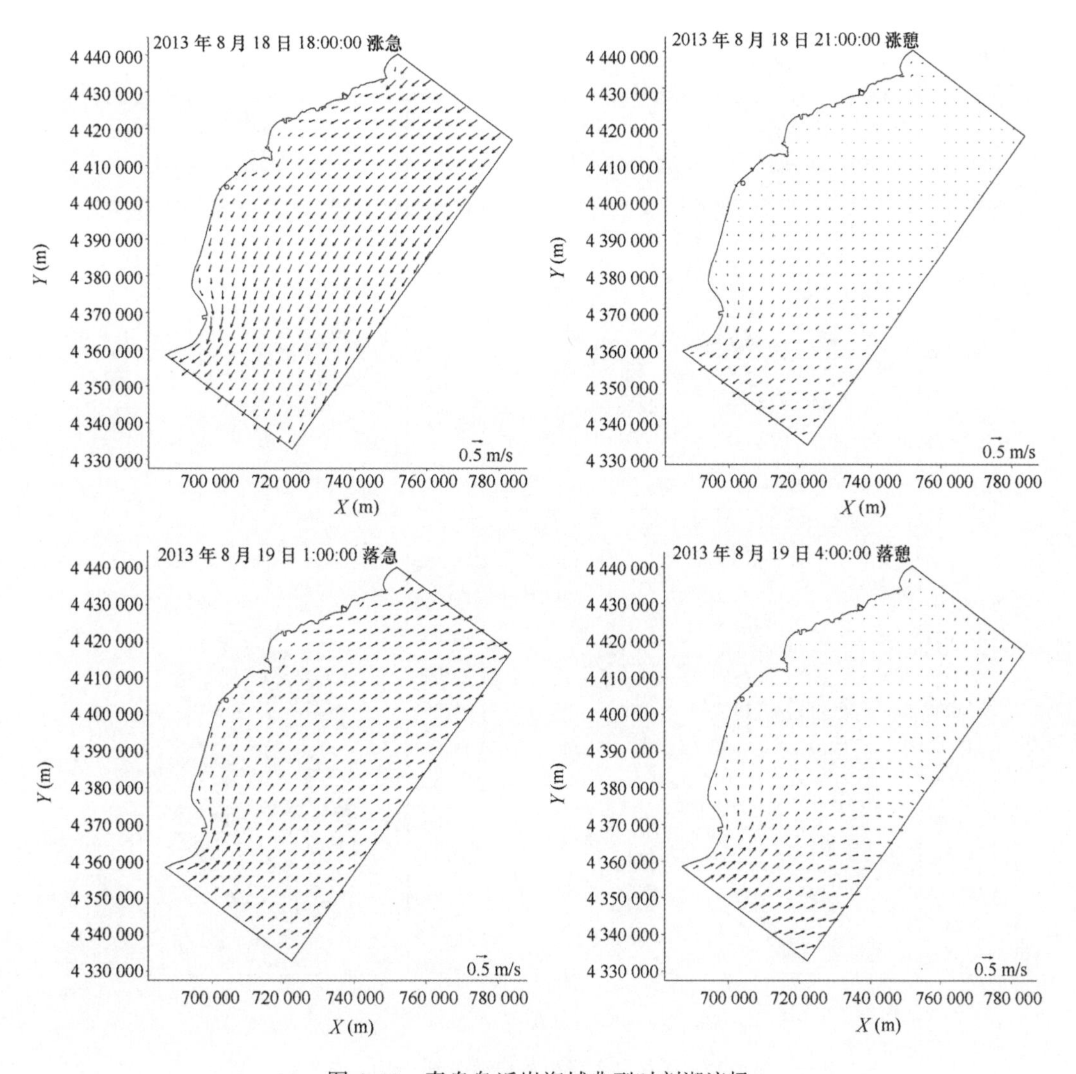

图4.11　秦皇岛近岸海域典型时刻潮流场

4.4　秦皇岛近岸海域水体交换能力计算与分析

计算水体交换能力常用的有两种示踪方法：一种采用保守的可溶性的物质（即示踪剂），用基于欧拉观点的对流扩散方程来模拟示踪剂的运动；另一种采用示踪粒子，基于拉格朗日观点用随机走动方法模拟这些粒子的对流扩散运动。

基于欧拉观点，对某一评价海域进行污染物（保守物质）浓度的计算，为了减少边界条件的不确定性给模拟结果带来的误差，开边界应远离特定海域的自然边界。在计算初始时刻 T_0，特定海域的初始浓度设为 $C(x, y, z, 0)$，其他区域的浓度值一般设置为0，然后运行模型，模拟过程中假定示踪物是保守物质，排除物质本身的性质变化可能造成的质量（浓度）变化。在计算结束时刻 T，可以获得特定海域污染物的浓度 $C(x, y, z, t)$，定义

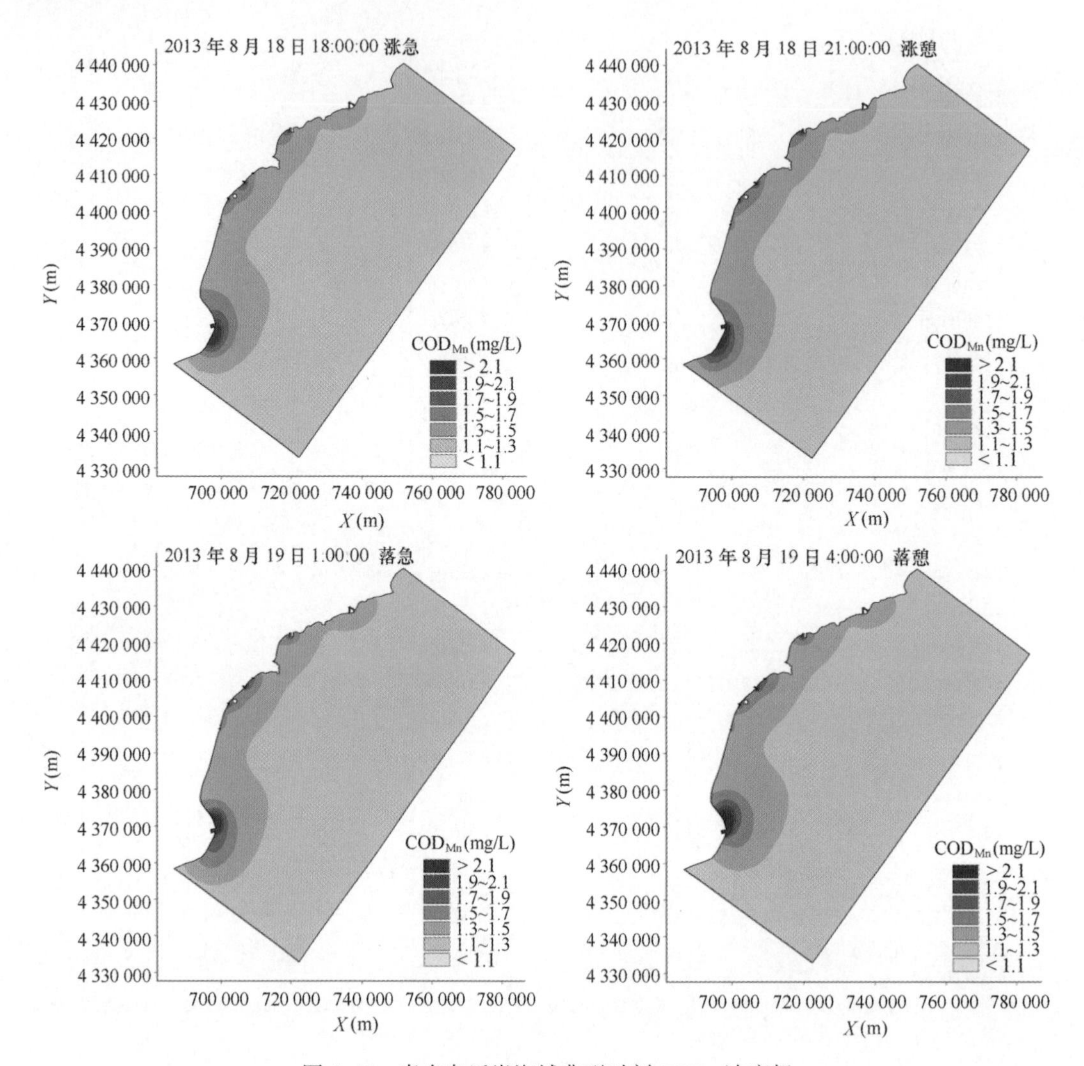

图 4.12　秦皇岛近岸海域典型时刻 COD_{Mn} 浓度场

稀释率为某一特定时刻特定海域现存示踪物的质量与初始质量的比值，当稀释率为 $n\%$ 时，为特定海域污染物通过物理作用自净了（$100-n$）%。

半交换时间（Half-life-time），类似于放射性同位素的半衰期的概念被引入来评价水体交换能力，定义为某评价海域保守物质浓度通过对流扩散稀释为初始浓度一半所需要的时间。该定义基于的事实是海域内某物质的最终浓度为零几乎是不可能的。稀释的快慢代表了水质变化的速率，即代表了该评价海域的交换能力。

基于拉格朗日观点，在模型运行的初始时刻，在评价区域均匀布放 N 个示踪粒子，运行模型，使粒子与外海进行水体交换。在实际计算过程中，做如下假设，当粒子出了计算区域的开边界后，就不再参与随后的计算。在该评价区域剩下 $N/2$ 个粒子时所需要的时间为水体交换（或物理自净）50%所需要的时间，该区域剩下 $N/10$ 个粒子时所需要的时间为水体交换（或物理自净）90%所需要的时间，这些时间可以用来评价研究海域的平均水体交换能力。当然，在实际计算过程中，也可以将整个海域按评价要求划分为若干区域，分别估算出各个区域的物理自净能力。

本章节利用MIKE 21中HD模块和AD模块，计算秦皇岛近岸海域在潮流作用下的海水水体交换能力。

4.4.1　模型建立

秦皇岛近岸海域水体交换采用渤海模型，计算时间为2013年1月1日—12月31日。初始条件将研究区域内的污染物浓度值设置为单位浓度1，其他海域浓度为0（图4.13），水动力开边界条件为烟台至大连的潮位，污染物输入条件设置为常值0。

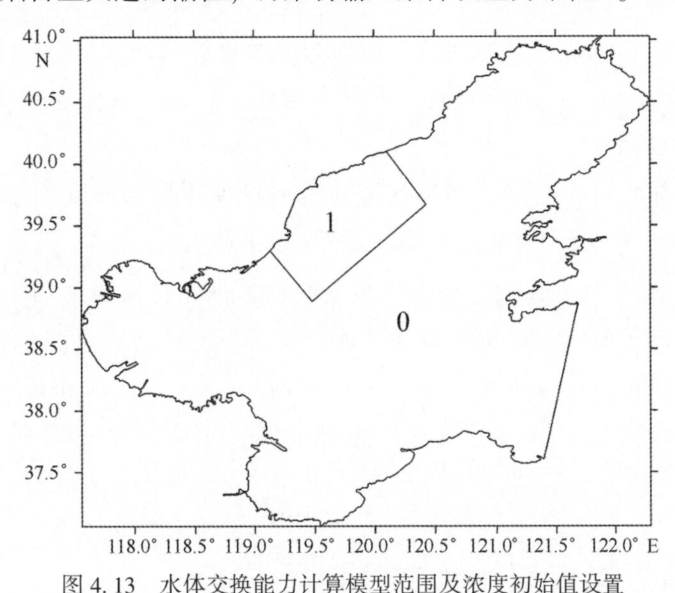

图4.13　水体交换能力计算模型范围及浓度初始值设置

4.4.2　秦皇岛近岸海域水体交换能力计算与分析

秦皇岛近岸海域的水体交换保守物质在不同时间的浓度分布如图4.14所示。

10 d后［见图4.14（a）］，研究区域海边界至滦河口海域保守物质浓度为0.64~0.96，水体交换率达到4%~36%；秦皇岛近岸海域保守物质浓度大于0.96，水体交换率小于4%，交换微弱。

1个月后［见图4.14（b）］，研究区域海边界及外海海域保守物质浓度为0.18~0.72，水体交换率达到28%~82%；滦河口至大蒲河口及汤河口至新开河口海域保守物质浓度为0.8~0.96，水体交换率为4%~20%；大蒲河口至汤河口近岸海域保守物质浓度大于0.96，水体交换率小于4%。

2个月后［见图4.14（c）］，研究区域海边界及外海海域保守物质浓度为0.16~0.48，水体交换率达到52%~84%；除洋河、戴河河口近岸海域外，其余海域保守物质浓度均小于0.8，水体交换率大于20%。

3个月后［见图4.14（d）］，研究区域海边界及外海海域保守物质浓度为0.16~0.38，水体交换率达到62%~84%；除洋河、戴河河口近岸海域外，其余海域保守物质浓度均小于0.64，水体交换率大于36%。

4个月后［见图4.14（e）］，研究区域海边界及外海海域保守物质浓度为0.14~0.3，水体交换率达到70%~86%；除洋河、戴河河口近岸海域外，其余海域保守物质浓度均小于0.48，水体交换率大于52%，达到半交换的海域面积占研究海域面积的90%以上。

5个月后［见图4.14（f）］，研究区域海边界及外海海域保守物质浓度为0.13~0.26，水体交换率达到74%~87%；除新河河口近岸海域外，其余海域保守物质浓度均小于0.37，水体交换率大于63%。

6个月后［见图4.14（g）］，研究区域海边界及外海海域保守物质浓度为0.11~0.20，水体交换率达到80%~89%；除新河河口近岸海域外，其余海域保守物质浓度均小于0.28，水体交换率大于72%。

9个月后［见图4.14（h）］，研究区域90%海域保守物质浓度均小于0.15，水体交换率大于85%。

12个月后［见图4.14（i）］，研究区域90%海域保守物质浓度均小于0.10，水体交换率大于90%，绝大部分海域完成90%水体交换。

秦皇岛近岸海域海边界与外海水体交换能力较强，洋河、戴河和新河近岸海域水体交换能力较弱；大约4个月后，研究区域基本完成水体半交换，12个月后，大部分海域完成90%水体交换。

4.4.3 秦皇岛近岸海域水体交换时间分析

通过以上保守物质浓度计算的结果，进一步统计各研究区域水体交换率达到50%和90%的时间，即为水体交换时间。秦皇岛近岸海域水体交换达到50%及90%所需时间分别如图4.15和图4.16所示。

从图4.15可以看出，秦皇岛近岸海域水体达到半交换所需要的时间为10~120 d，且所需时间从外海向近岸海域递增，从两侧（滦河口和石河口）向北戴河区（洋河、戴河河口和新河河口）递增，说明外海的水体交换能力优于近岸海域，两侧水体交换能力优于北戴河区附近海域。滦河口近岸海域水体达到半交换所需时间为70~90 d，石河口近岸海域水体达到半交换所需时间为80~90 d，七里海至汤河口间近岸海域水体达到半交换所需时间大于110 d。

从图4.16可以看出，秦皇岛近岸海域水体交换达到90%所需时间为200~360 d，且所需时间从外海向近岸海域递增。石河口至汤河口之间近岸海域水体交换达到90%所需时间为310~350 d，汤河口至滦河口间近岸海域水体交换达到90%所需时间大于350 d，说明北戴河近岸海域水体交换能力相对较弱，与研究区域外海域水体充分交换所需时间长。

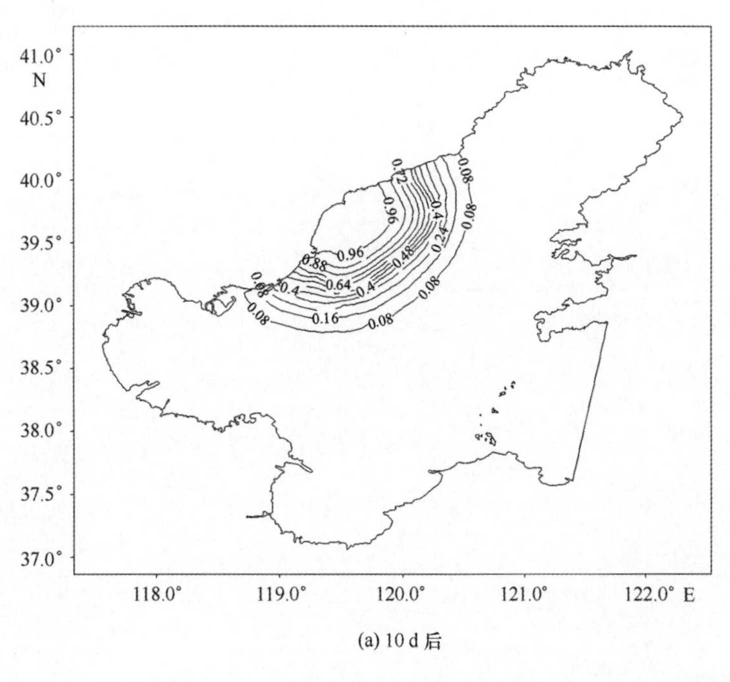

(a) 10 d 后

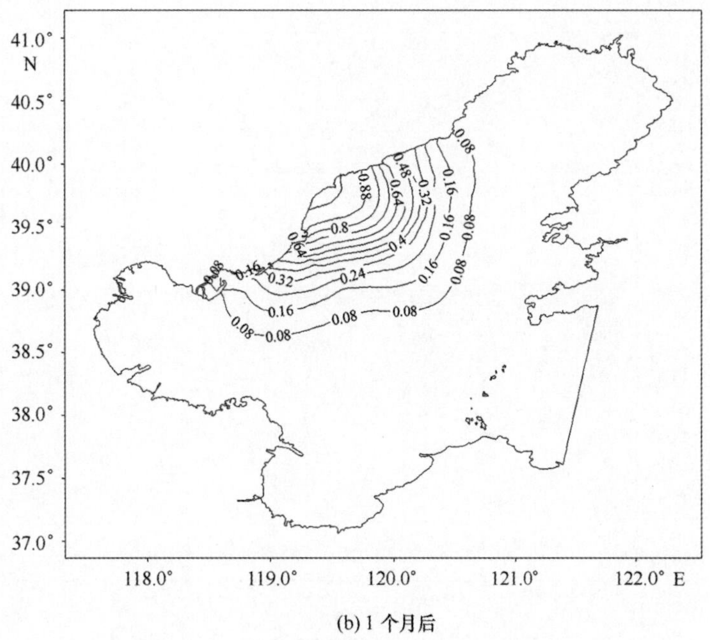

(b) 1 个月后

图 4. 14　秦皇岛近岸海域保守物质浓度分布

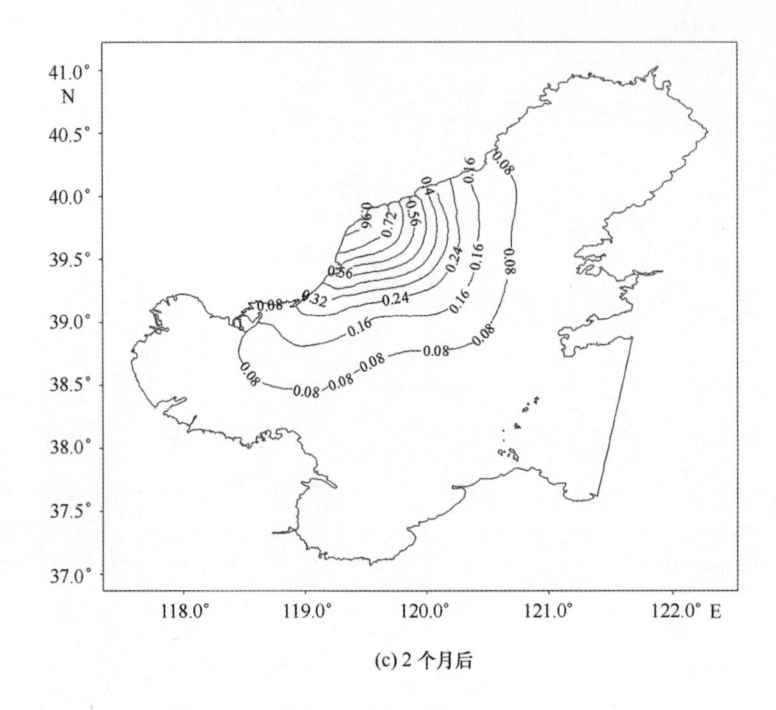

(c) 2 个月后

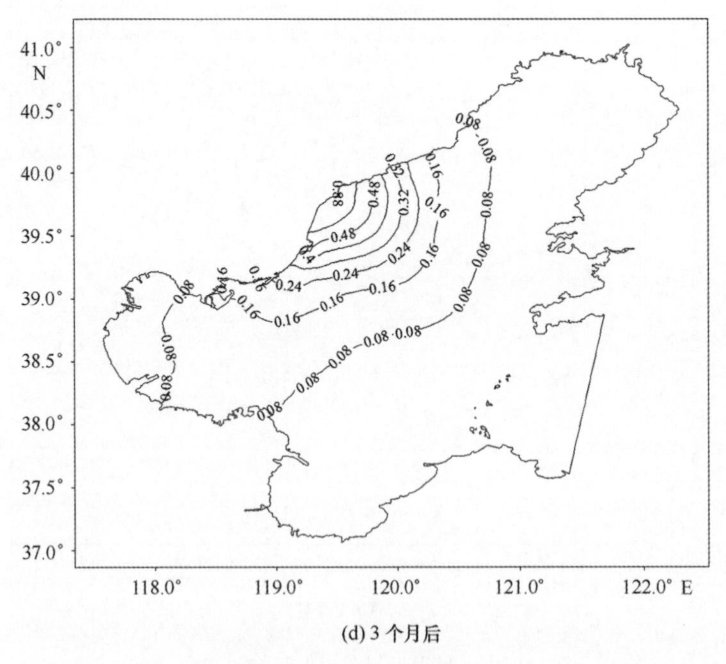

(d) 3 个月后

图 4.14　秦皇岛近岸海域保守物质浓度分布（续）

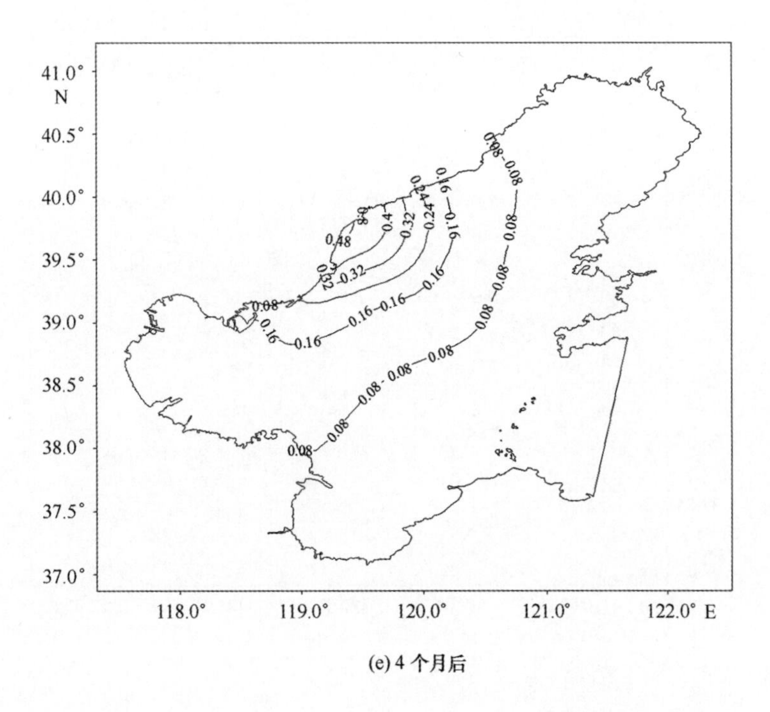

(e) 4 个月后

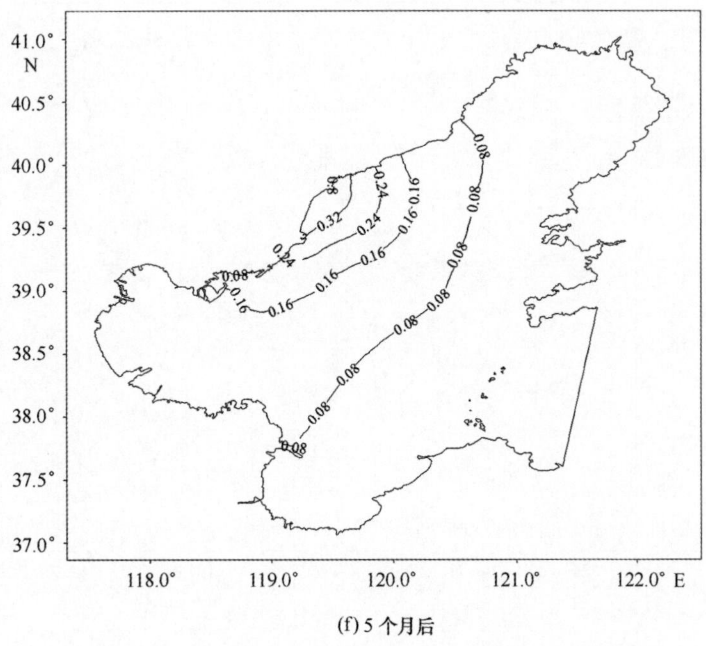

(f) 5 个月后

图 4.14　秦皇岛近岸海域保守物质浓度分布（续）

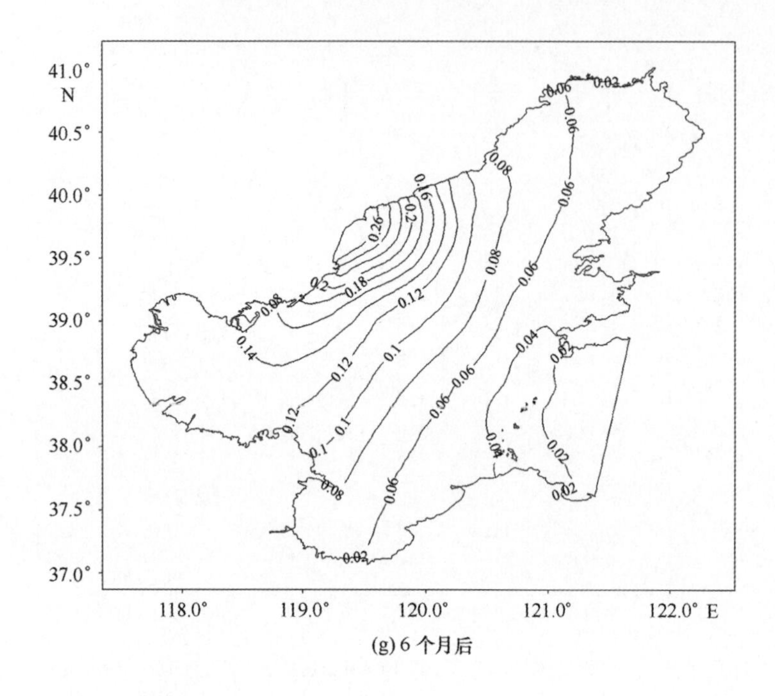

(g) 6 个月后

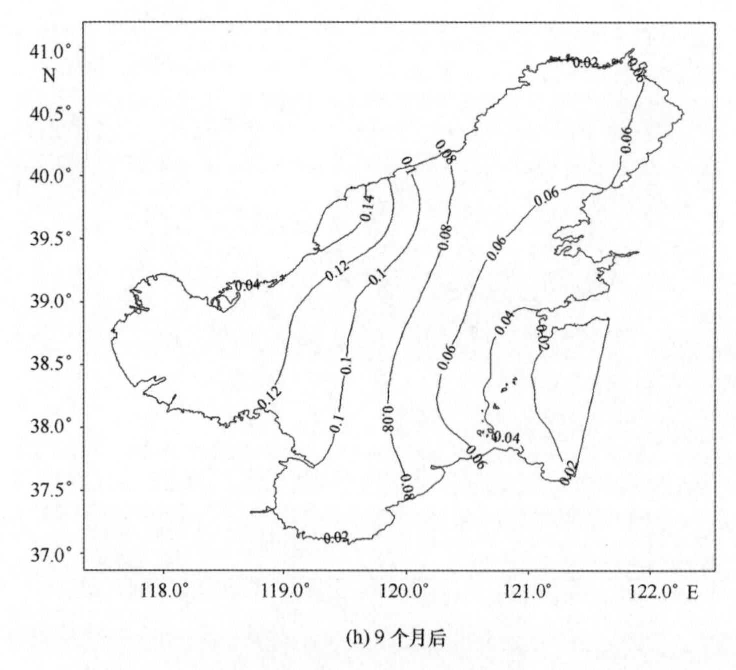

(h) 9 个月后

图 4.14　秦皇岛近岸海域保守物质浓度分布（续）

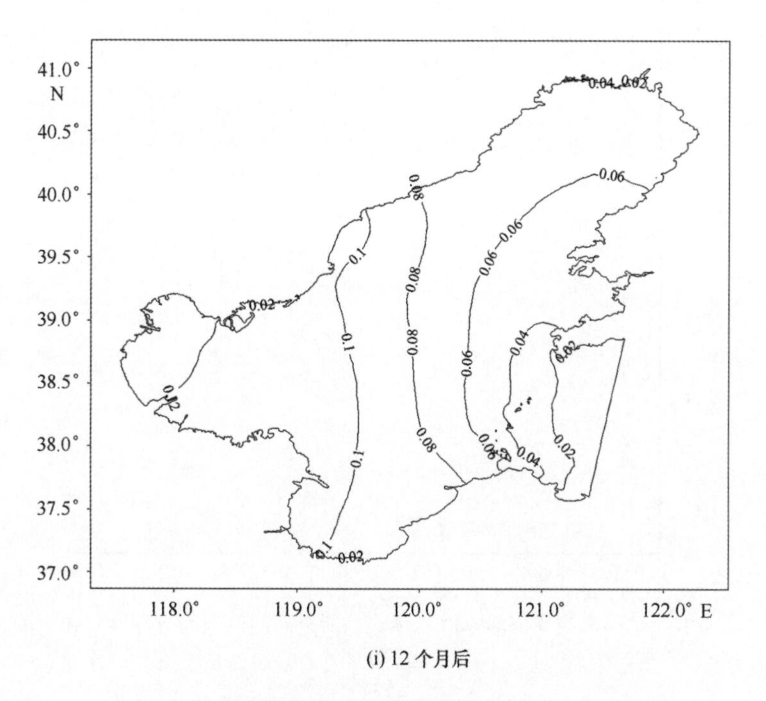

(i) 12个月后

图4.14 秦皇岛近岸海域保守物质浓度分布（续）

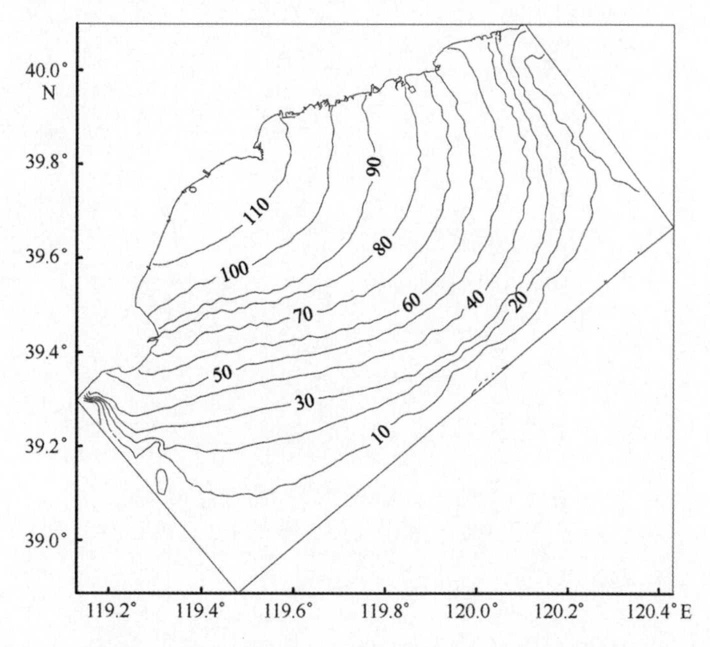

图4.15 秦皇岛近岸海域50%水体交换所需时间的空间分布（单位：d）

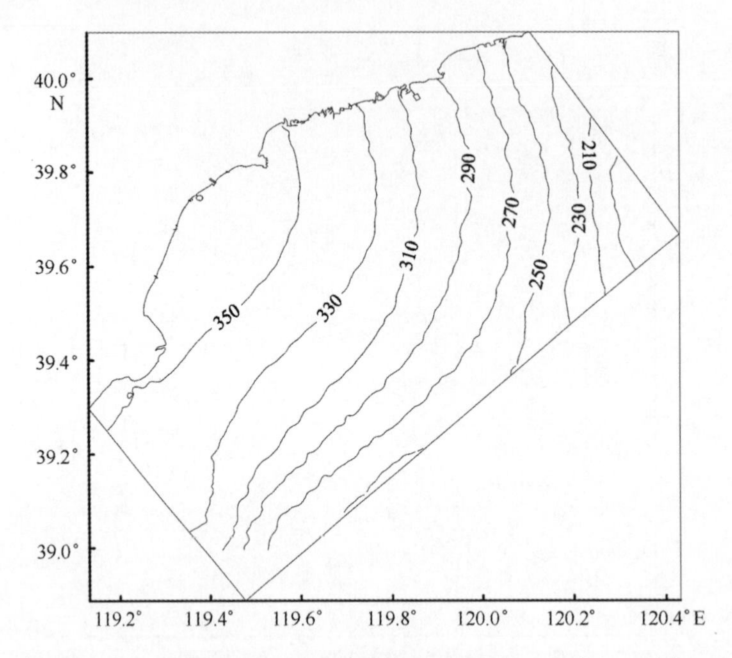

图 4.16　秦皇岛近岸海域 90% 水体交换所需时间的空间分布（单位：d）

第 5 章　入海河流污染物输运模拟

陆源污染是近岸海域的主要污染源之一，大量的农业、工业和生活污水通过入海河流排入近岸海域，给近岸海域水生态环境带来了恶劣的影响[53-55]。因此，必须将入海河流的水质管理纳入到近岸海域的水环境管理工作中。本研究基于 MIKE 11 软件包中的 HD、AD 和 ECOLab 模块建立了秦皇岛入海河流一维水动力和污染物输运数学模型，并通过实测水质数据对模型进行率定验证。在此基础上，讨论水质模型在水环境管理中的应用，包括确定入海河流河口连续观测站位置、分析河流污染物分布特征及探讨河流点源和非点源污染总量控制方法[56]。

5.1　秦皇岛入海河流数学模型建立

5.1.1　研究区域

秦皇岛河口海岸地区共有 10 条主要入海河流（见图 5.1），一维水动力和污染物输运数学模型的研究范围从各条河流潮流界上游至入海河口，计算长度为 2.7~26.8 km（表 5.1）。入海河流的平均河床坡度和河宽分别为 0.692‰和 147 m，其中石河平均河床坡度最大（1.970‰），东沙河平均河床坡度最小（0.031‰），滦河平均河宽最大（369 m），新河平均河宽最小（47 m）。2013 年各条河流月径流量如图 5.2 所示。秦皇岛入海河流洪季为 6—9 月，枯季为 11—2 月（翌年）。滦河、洋河、大蒲河和汤河径流量较大，其他河流月平均径流量均小于 1 000×10^4 m^3。2013 年滦河年径流量最大，为 13.91×10^8 m^3，新河年径流量最小，仅为 456.83×10^4 m^3。汤河和小汤河枯季径流量极小，往往发生断流。

表 5.1　秦皇岛入海河流的计算长度　　单位：km

河流	石河	汤河	小汤河	新河	戴河	洋河	人造河	东沙河	大蒲河	滦河
计算长度	12	5.5	4.75	9.6	13.2	26.8	2.7	11.4	14	19.4

图 5.1 秦皇岛主要入海河流

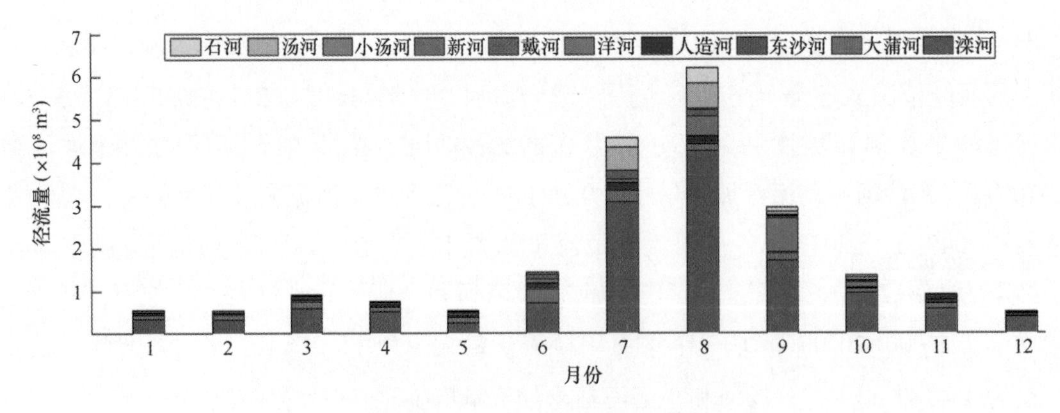

图 5.2 2013 年入海河流月径流量

5.1.2 边界条件和模型参数选取

秦皇岛入海河流一维水动力和污染物输运数学模型共有 10 条河流上游开边界和 9 个入

海河口（小汤河汇入汤河后入海）开边界。入海河口开边界由潮位和COD_{Cr}浓度过程控制，其潮位和COD_{Cr}浓度过程由验证良好的秦皇岛近岸海域二维水动力和污染物输运数学模型计算提供。河流上游开边界由2013年各河流实测流量和COD_{Cr}浓度控制。

秦皇岛入海河流一维水动力和污染物输运数学模型主要参数如表5.2所示。曼宁系数n由河流底床泥沙粒径和水深综合确定，取0.02~0.05 $s/m^{1/3}$。扩散系数D、COD在20℃时的降解系数K_{20}和COD的Arrhenius温度系数θ_{COD}参考相关文献和通过COD输运数学模型率定，分别取10~100 m^2/s，0.05~0.4 d^{-1}和1.02。污染物输运模型COD初始浓度C_0取各河流2013年6月实测平均浓度，为56~84 mg/L。

表5.2　一维水动力和污染物输运数学模型主要参数

河流	n ($s/m^{1/3}$)	D (m^2/s)	K_{20} (1/d)	θ_{COD}	C_0 (mg/L)
石河	0.033	10	0.10	1.02	56.0
汤河	0.033	10	0.10	1.02	75.0
小汤河	0.033	10	0.10	1.02	75.0
新河	0.029	10	0.35	1.02	68.5
戴河	0.040	50	0.10	1.02	81.0
洋河	0.040	50	0.10	1.02	61.0
人造河	0.033	30	0.20	1.02	81.0
东沙河	0.050	30	0.05	1.02	74.0
大蒲河	0.033	100	0.10	1.02	84.0
滦河	0.020	100	0.40	1.02	81.0

5.2　秦皇岛入海河流数学模型验证

5.2.1　模型验证

基于河北省地矿局秦皇岛矿产水文工程地质大队和河北省海洋环境监测中心2013年8月入海河流COD_{Cr}实测浓度和河流典型断面6—11月COD_{Cr}实测浓度分别对水质模型进行COD_{Cr}浓度空间分布和时间过程验证，站点分布见图2.10，验证结果如图5.3和图5.4所示。图5.4中人造河-2500、东沙河-1656和大蒲河-4743断面COD_{Cr}浓度计算值在某些月份出现波动，表明该站点在相应月份位于河流潮流界内，水流受径流和潮流的共同影响，水质随涨落潮变化而变化。总体上，COD_{Cr}浓度计算值和实测值吻合良好，秦皇岛入海河流一维水质模型验证良好，可较好地反映秦皇岛入海河流污染物输运分布特征。

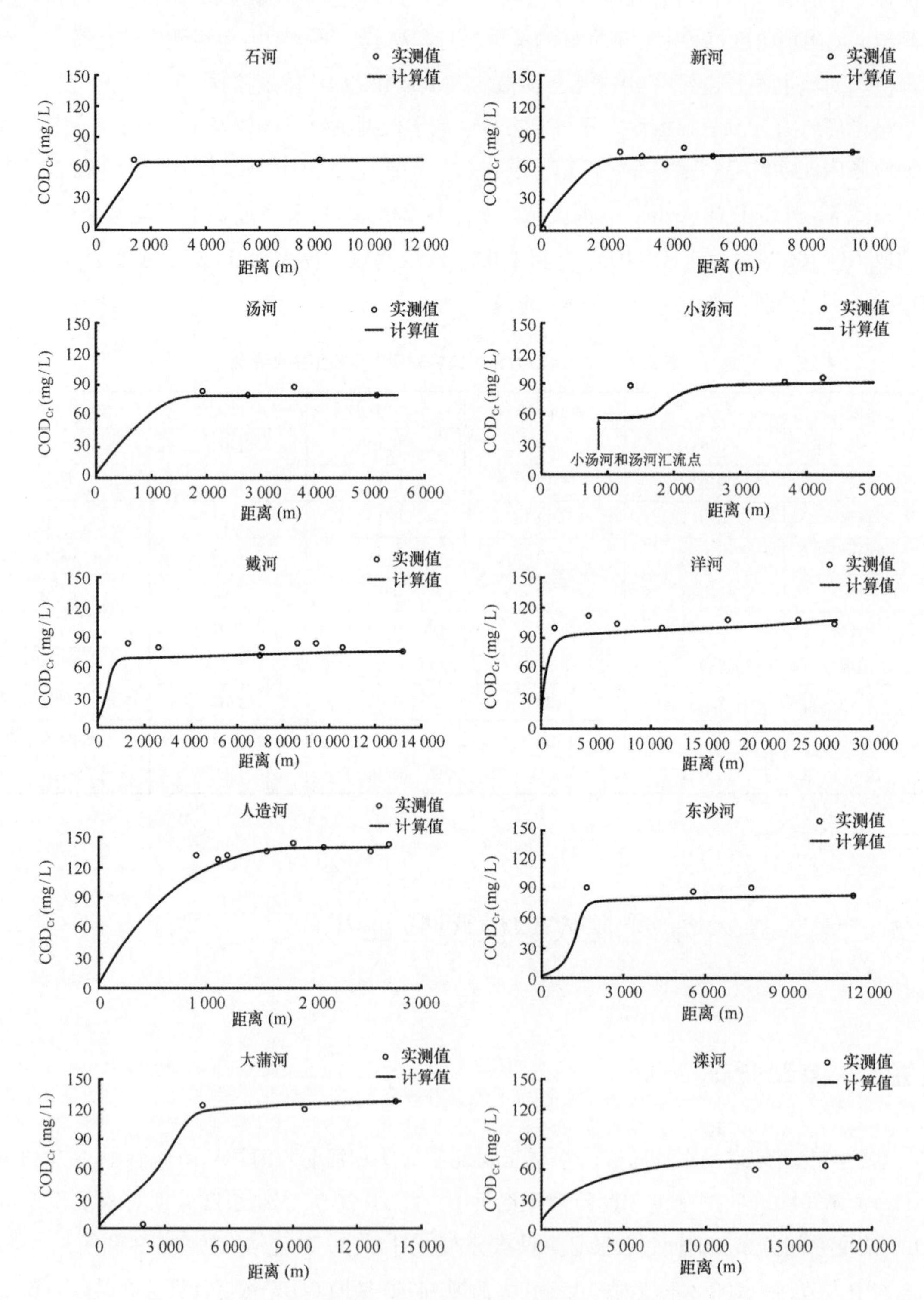

图 5.3　2013 年 8 月入海河流 COD_{Cr} 浓度沿程分布验证

（x 轴表示距河口 $x=0$ 的距离）

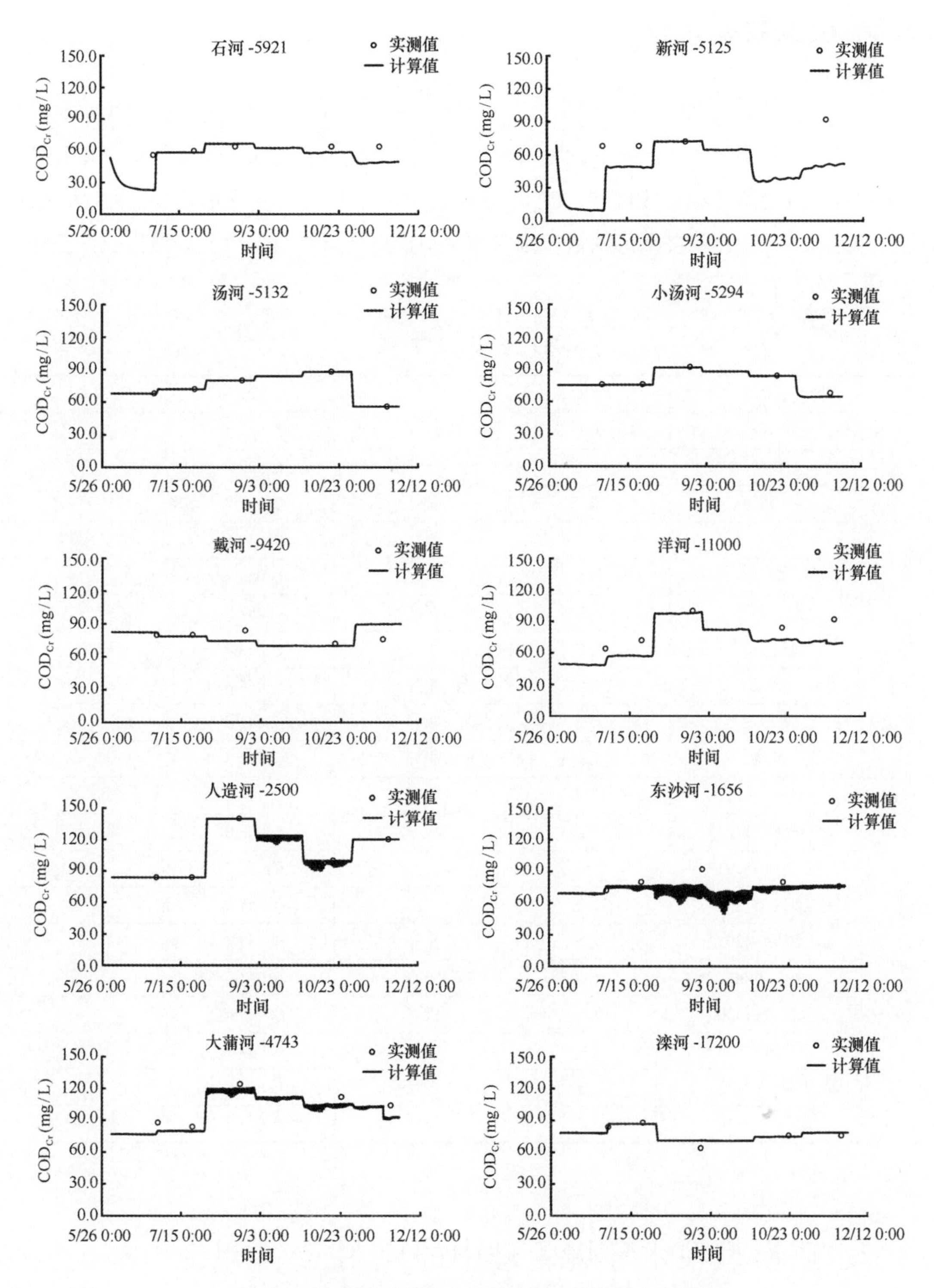

图 5.4　入海河流典型断面 COD_{Cr} 浓度时间变化过程验证

（石河-5921 表示该站点距石河入海口 5 921 m，其余站点以此类推）

5.2.2 模型效率评价

采用百分比偏差（*PBIAS*）和Theil不等系数（*TIC*）对秦皇岛入海河流一维水质模型进行评价，评价结果如表5.3所示。除COD_{Cr}浓度时间变化过程验证中新河-5125断面*PBIAS*评价为好外，其余均为很好或极好。COD_{Cr}浓度沿程分布和时间变化过程验证在*TIC*效率评价下均为好。因此，秦皇岛入海河流一维水质模型模拟结果可靠，可较好地反映秦皇岛入海河流污染物分布特征。

表5.3 模型效率评价

站点		*PBIAS*	效率评价	*TIC*	效率评价
沿程分布验证	石河	3.1	极好	0.037 3	好
	汤河	4.2	极好	0.029 9	好
	小汤河	10.6	很好	0.089 3	好
	新河	0.9	极好	0.036 6	好
	戴河	8.6	极好	0.055 7	好
	洋河	7.3	极好	0.052 5	好
	人造河	2.8	极好	0.026 4	好
	东沙河	9.8	极好	0.065 8	好
	大蒲河	10.3	很好	0.092 5	好
	滦河	6.9	极好	0.042 8	好
时间变化过程验证	石河-5921	17.2	很好	0.144 2	好
	汤河-5132	0.2	极好	0.000 8	好
	小汤河-5294	1.4	极好	0.010 2	好
	新河-5125	30.5	好	0.245 0	好
	戴河-9420	0.9	极好	0.048 4	好
	洋河-11000	16.4	很好	0.097 5	好
	人造河-2500	0.6	极好	0.005 4	好
	东沙河-1656	7.9	极好	0.057 1	好
	大蒲河-4743	7.5	极好	0.042 3	好
	滦河-17200	1.4	极好	0.023 4	好

5.3 水质模型在水环境管理中的应用

数学模型在模拟预测复杂水动力和污染物输运过程等问题中具有较大的优势，因而在如今的水环境管理系统中扮演着越来越重要的角色[57-59]。基于验证良好的秦皇岛入海河流水质模型探讨水质模型在水环境监测、分析和控制中的应用。本研究中取8月为洪季代表月，

11 月为枯季代表月。

5.3.1　水质模型在水环境监测中的应用

水环境监测是水环境管理工作的基础，对于近岸海域，陆源污染物入海通量的监测是水环境管理工作中至关重要的一环。然而我国绝大多数入海河流在河口都没有固定的观测站用于监测河流的水文和水质状况，秦皇岛河口-海岸地区的入海河流亦是如此。河口连续观测站的位置是河流污染物入海通量监测正确与否的决定性要素之一。污染物入海通量的监测要求监测站必须位于入海河流潮流界之上，否则由于受到潮流的影响，河流中污染物受到海水的混合稀释作用，导致污染物浓度测量值低于河流污染物实际入海浓度，同时潮流也会影响到入海河流的水文状况监测，如入海流量监测等。

潮流界是枯季大潮潮流所能达到的上界，超过此位置，潮流则不再向上游行进，即潮流界是入海河流中污染物受海水混合稀释作用的临界位置。潮流界上游，河流中 COD 浓度不受海水影响；而其下游，COD 浓度受海水混合稀释作用沿程显著减小。因此，可以依据水质模型中 COD 浓度沿程变化规律来确定潮流界位置。本研究中，从上游至入海口，如果某一河流断面，其下游的 COD_{Cr}浓度沿程变化梯度大于其上游 COD_{Cr}浓度变化梯度的 2 倍，则定义该断面为河流潮流界。例如，对于 2013 年 8 月的戴河-1418 断面，其上游 COD_{Cr}浓度沿程变化梯度为 0.059%，而其下游 COD_{Cr}浓度沿程变化梯度为 0.124%（见图 5.3），是上游的 2.1 倍，则确定戴河-1418 断面为 8 月戴河潮流界。

由于洪季径流量大，其潮流界往往靠近河口口门，因此潮流界以枯季高潮位条件确定。表 5.4 为基于 2013 年秦皇岛枯季最高潮位水文条件计算出的潮流界，出于安全考虑，建议秦皇岛各入海河流河口连续监测站设立于 2013 年枯季最高潮位水文条件下潮流界的上游，监测站距入海口的距离是潮流界距入海口距离的 1.1 倍。秦皇岛入海河流建议监测站位置如表 5.4 所示。当然河口连续监测站选址的确定尚需要综合考虑现场实际情况、建站的可行性和行业管理属性等多种因素。

表 5.4　枯季最高潮位水文条件下入海河流潮流界位置及建议监测站位置

河流	潮流界（距入海口：m）	建议监测站位置（距入海口：m）
石河	3 343	3 678
汤河	2 778	3 056
小汤河	3 172	3 490
新河	3 289	3 618
戴河	9 999	10 999
洋河	6 054	6 660
人造河	2 468	2 715
东沙河	2 379	3 148
大蒲河	5 605	6 687
滦河	17 150	18 865

5.3.2 水质模型在水环境分析中的应用

水环境分析包括分析污染物时空分布规律和输运规律等，是水环境管理的科学依据。水质模型可以对污染物时空分布和输运规律进行数字化、可视化处理，从而成为当今水环境分析工作的主要方法之一。

5.3.2.1 入海河流COD_{Cr}浓度时空分布规律

秦皇岛入海河流洪枯季COD_{Cr}浓度分布如图5.5所示。人造河COD_{Cr}浓度在洪枯季时期均高于其他入海河流，其次为大蒲河。这主要是由于人造河和大蒲河流域流经秦皇岛两个最大的农作物种植区——昌黎县和抚宁区，从而受到更多的农业面源污染。此外，人造河上游还存在一些造纸厂，这些企业排放的工业废水给人造河带来了大量的点源污染。戴河和洋河流域上游存在众多畜禽养殖业和农副产品加工业基地，导致其河流COD_{Cr}浓度也较高。由于洋河、戴河入海口为秦皇岛几个著名的海滨浴场旅游区，河流污染严重影响了浴场水质和当地的社会经济发展，因此必须及时进行治理。石河流域远离市区，生活污染源相对较少，其COD_{Cr}浓度低于其他入海河流，但由于石河流域遍布着许多农副产品加工业和食品制造业等工厂，导致其污染仍较为严重，水质为劣五类。秦皇岛最大的入海河流滦河洪季和枯季COD_{Cr}浓度变化不大。

整体而言，秦皇岛入海河流洪季COD_{Cr}浓度高于枯季。这主要是由于洪季是秦皇岛农业生产和旅游集中时期，各河流受到的农业污染和生活污染较枯季高，同时，洪季雨水充沛，径流量较大，流域水土流失现象较枯季严重，从而带来更多的非点源污染。

5.3.2.2 入海河流COD_{Cr}输运规律

秦皇岛不同的入海河流COD_{Cr}输运规律相似，选取洋河为代表河流，研究COD_{Cr}在入海河流中的输运规律。洪季一个潮周期内，不同水位条件下洋河COD_{Cr}浓度分布如图5.6所示，水位参考点为洋河-489断面。COD_{Cr}输运过程受径流和潮流的共同作用，入海口水域，潮流占主导地位。潮流界上游，COD_{Cr}在径流作用下向河口输运。由于受微生物降解、浮游生物的富集以及悬浮颗粒的吸附等作用影响，COD_{Cr}浓度沿程略有减小。潮流界下游，COD_{Cr}在径流和潮流的共同作用下呈往复运动，输运过程具有周期性变化规律，随涨落潮变化而变化。例如，在一个潮周期内，COD_{Cr}浓度90 mg/L等值线随涨潮和落潮过程分别向上游和下游移动，高水位时移动到距入海口2 933 m，低水位时移动到距入海口1 023 m。受潮流的影响水体交换能力加强，COD_{Cr}浓度在海水的强混合作用下稀释沿程显著减小。

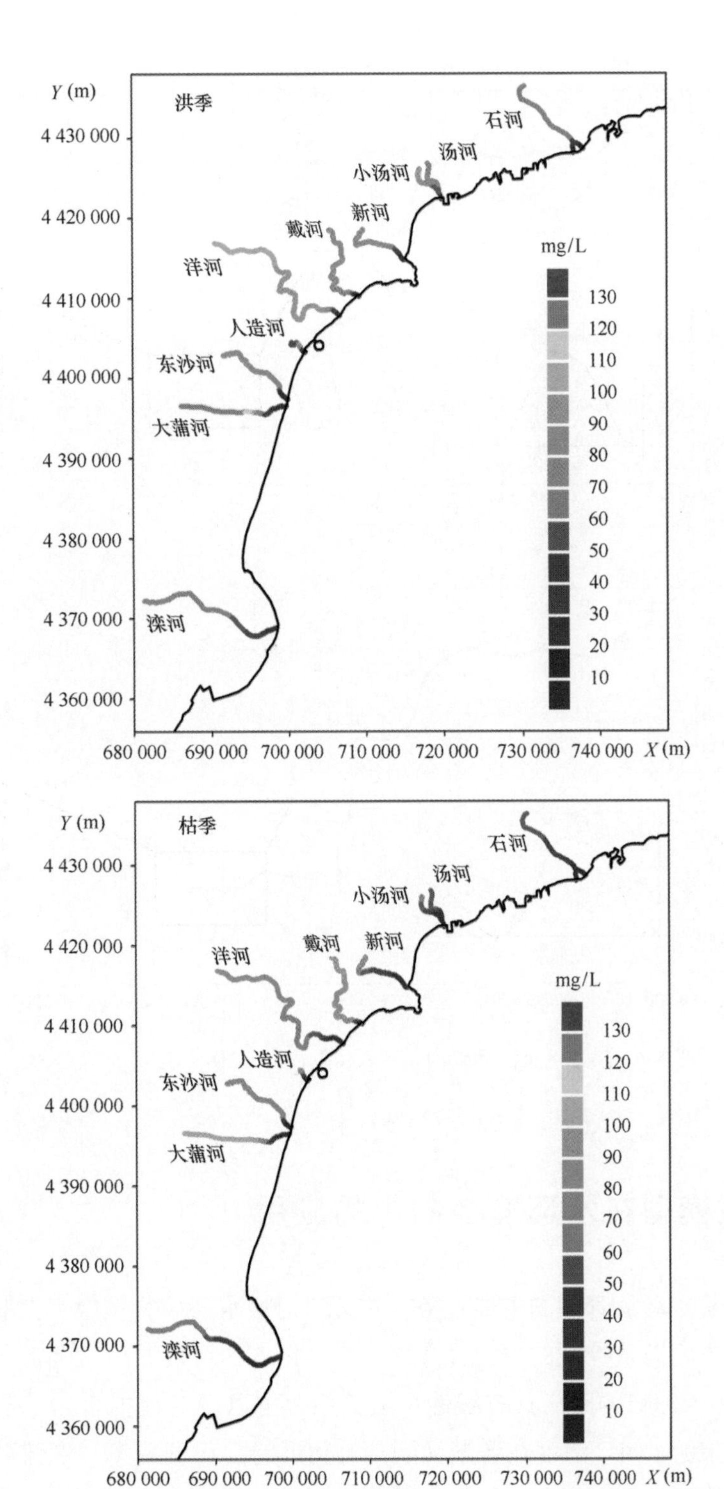

图 5.5　秦皇岛入海河流洪枯季 COD_{Cr}浓度分布

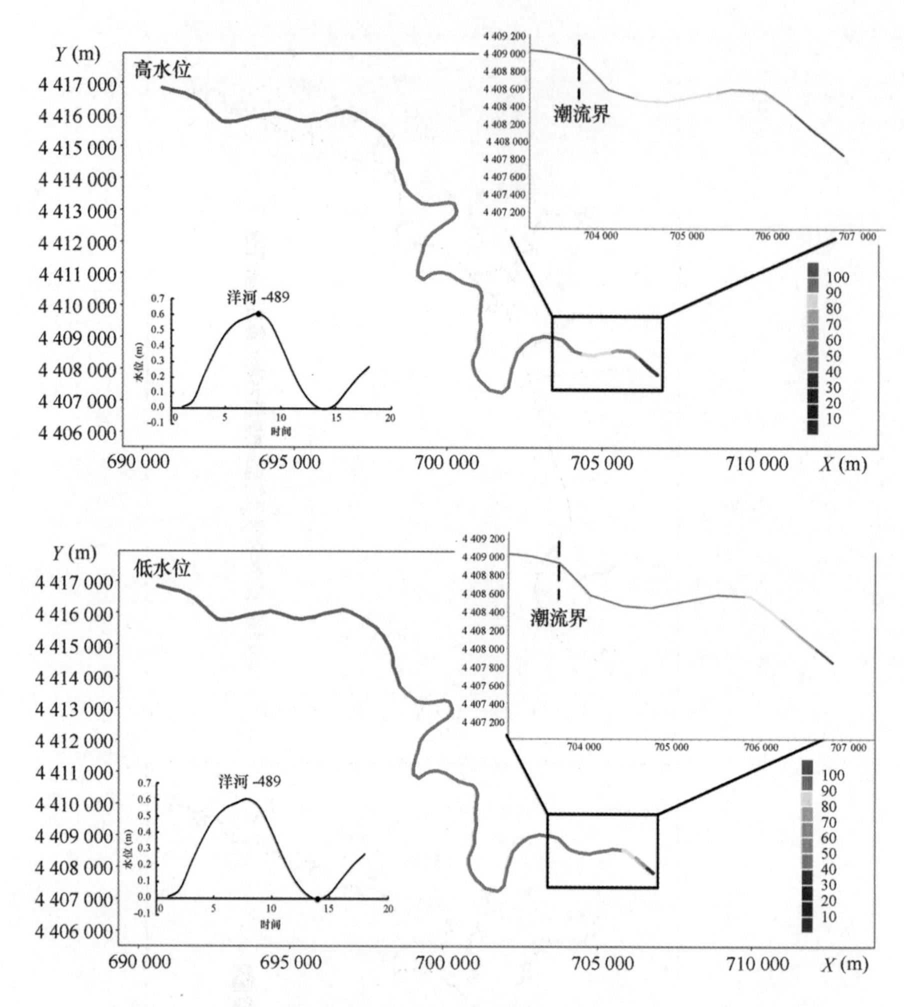

图 5.6　洪季一个潮周期内不同水位下洋河 COD_{Cr}浓度分布（mg/L）

5.3.3　水质模型在水环境控制中的应用

水环境控制是水环境管理的主要任务，在近岸海域水环境管理中，控制陆源污染物的入海通量是海域污染物总量控制的主要任务之一。从图 5.3 可以看出，潮流界上游，河流断面 COD_{Cr}浓度与其距入海口的距离具有线性相关关系，可以很好地拟合为一次函数，即对于同一河流，潮流界上游 COD_{Cr}浓度在各断面间具有相近的沿程衰减率。潮流界上游入海河流断面 COD_{Cr}浓度与其距入海口距离的相关关系如表 5.5 所示。可以看出入海河流 COD_{Cr}入海浓度由其上游河段 COD_{Cr}浓度决定，通过这些关系式，可以快速确定河流上游各断面的污染物控制浓度。例如，如果洪季洋河潮流界处的 COD_{Cr}入海浓度要控制在 60 mg/L 以下，则其潮流界上游 10 km 处 COD_{Cr}浓度需低于 66 mg/L。

COD 浓度的沿程衰减率可推导为式（5.1）：

$$K_x=\frac{\mathrm{d}C_{\mathrm{COD}}}{\mathrm{d}x}=\frac{\mathrm{d}C_{\mathrm{COD}}}{\mathrm{d}t}\cdot\frac{\mathrm{d}t}{\mathrm{d}x}=\frac{K_{\mathrm{COD}}\cdot C_{\mathrm{COD}}}{86\,400\times u}=\frac{K_{20}\cdot\theta_{\mathrm{COD}}^{(T-20)}\cdot C_{\mathrm{COD}}}{86\,400\times u} \tag{5.1}$$

式中：K_x 表示 COD 沿程衰减率［mg/（L·m）］；u 表示流速（m/s）。

表 5.5 潮流界上游入海河流 COD_{Cr}浓度与其距入海口距离的相关关系

河流	相关关系			
	洪季		枯季	
	关系式	相关系数	关系式	相关系数
石河	$y=0.000\,3x+64.899$	$n=46$ $R^2=0.990\,8$	$y=0.002\,1x+34.702$	$n=39$ $R^2=0.995\,8$
汤河	$y=0.000\,2x+78.634$	$n=19$ $R^2=0.999\,9$	$y=0.000\,6x+52.737$	$n=16$ $R^2=0.979\,5$
小汤河	$y=0.001\,2x+85.054$	$n=14$ $R^2=0.998\,3$	$y=0.009\,5x+15.517$	$n=10$ $R^2=0.992\,6$
新河	$y=0.000\,9x+67.062$	$n=32$ $R^2=0.999\,4$	$y=0.008\,4x+4.282\,6$	$n=25$ $R^2=0.991\,7$
戴河	$y=0.000\,7x+67.953$	$n=50$ $R^2=0.990\,8$	$y=0.001x+79.464$	$n=44$ $R^2=0.987\,2$
洋河	$y=0.000\,6x+90.536$	$n=101$ $R^2=0.987$	$y=0.001\,2x+55.763$	$n=84$ $R^2=0.976\,3$
人造河	$y=0.001x+137.4$	$n=5$ $R^2=0.941$	$y=0.001\,1x+117.16$	$n=4$ $R^2=0.907\,1$
东沙河	$y=0.000\,6x+77.514$	$n=42$ $R^2=0.961\,5$	$y=0.000\,4x+76.148$	$n=44$ $R^2=0.962\,2$
大蒲河	$y=0.001x+114.88$	$n=41$ $R^2=0.959$	$y=0.000\,6x+99.84$	$n=40$ $R^2=0.958\,6$
滦河	$y=0.000\,6x+61.174$	$n=44$ $R^2=0.983\,4$	$y=0.000\,8x+64.058$	$n=18$ $R^2=0.958\,4$

注：y 为 COD_{Cr}浓度（mg/L）；x 为距入海口距离（m）；n 为相关性拟合样本数；R 为相关系数。

水环境控制包括点源和面源污染的控制与管理[58,59]。通过水质模型可以预先估算点源或面源污染的影响，从而可以更好地进行水环境控制工作。例如洋河流域境内存在着一些农业种植区和农副产品加工业基地，给洋河带来了众多点源和面源污染；为了评估这些点源和面源污染对洋河水质的影响，研究设计了 3 种污染源情境（见表 5.6），与现状情境 S0（见图 5.6）比较。

表 5.6　洋河 3 种污染源情境

情境	位置	污染源	流量（m^3/s）	COD_{Cr}浓度（mg/L）
S1	洋河-10000	点源 1	5	200
S2	洋河-20000	点源 2	5	200
S3	洋河-20000~洋河-26800	均匀分布的面源 A	5	200

S0~S3 4 种情境下，洋河沿程 COD_{Cr}浓度在水质模型中的计算值如图 5.7 所示。潮流界上游，4 种情境下污染源与河流中的 COD 均已充分混合，且充分混合后的 COD 沿程分布曲线基本平行，即 COD_{Cr}浓度沿程衰减率 K_x 近似相等。假定 S1 和 S2 的点源分别距潮流界 x_1（m）和 x_2（m），则 S1 和 S2 情境中潮流界处 COD_{Cr}入海浓度分别如式（5.2）和式（5.3）所示：

$$C' = \frac{Q_0[C_0 - K_x(x_2 - x_1)] + Q_1C_1}{Q_0 + Q_1} - K_xx_1 = \frac{Q_0C_0 + Q_1C_1}{Q_0 + Q_1} - \frac{Q_0K_x(x_2 - x_1)}{Q_0 + Q_1} - K_xx_1 \quad (5.2)$$

$$C'' = \frac{Q_0C_0 + Q_2C_2}{Q_0 + Q_2} - K_xx_2 = \frac{Q_0C_0 + Q_2C_2}{Q_0 + Q_2} - K_x(x_2 - x_1) - K_xx_1 \quad (5.3)$$

式中：C'和 C''分别为 S1 和 S2 情境中潮流界处 COD_{Cr}浓度；Q_0 和 C_0 分别为现状 S0 情境下洋河-20000 断面处的流量和 COD_{Cr}浓度；Q_1 和 Q_2 分别为 S1 和 S2 情境中的点源流量；C_1 和 C_2 分别为 S1 和 S2 情境中点源 COD_{Cr}浓度。

4 种情境下 COD_{Cr}沿程浓度亦可通过式（5.1~5.3）推算，如图 5.7 所示。推算值与水质模型计算值基本吻合，即在河流水环境管理中，可以通过式（5.1~5.3）对河流水质进行预评估。在本研究中，$Q_1 = Q_2$，$C_1 = C_2$，可得 $C' > C''$，即对于同一点源，其距入海口越近，对河流污染物入海通量的影响越大。非点源污染 A 在 $x_2 \sim x_3$（m）处污染均匀分布，根据均匀分布的数学期望可知，其污染等效于距潮流界（x_2+x_3）/2（m）处流量为 Q_3，COD 浓度为 C_3 的点源污染。因此，污染源通量相同的 3 种情境下，COD 入海浓度大小为 $S1>S2>S3$。

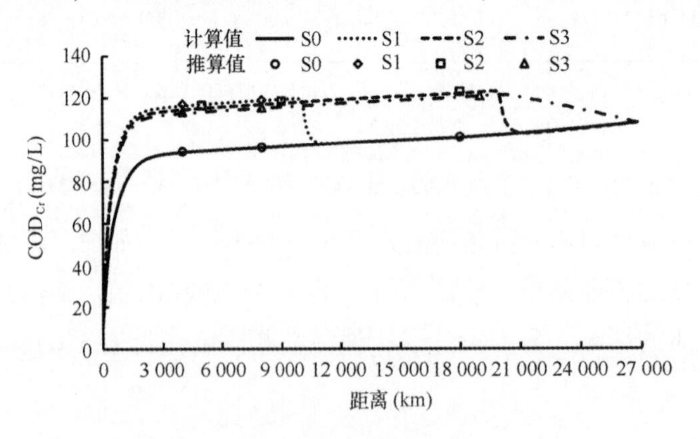

图 5.7　4 种情境下洋河 COD_{Cr}浓度沿程分布

［计算值：由水质数学模型计算；推算值：由式（5.1~5.3）推算］

潮流界上游，河流为单向流，点源污染主要对其下游水域产生影响。对于某一断面的污染物总量控制，各种控制方案及其相应成本如式（5.4）和式（5.5）所示：

$$\begin{cases} \sum_{i=1}^{n} Q_i(C_i - p_i - K_{x_i}x_i) \leqslant M \\ p_i \geqslant 0 \end{cases} \tag{5.4}$$

$$Y = \sum_{i=1}^{n} p_i q_i \tag{5.5}$$

式中：M 表示控制断面的污染物总量控制目标；Q_i 和 C_i 分别表示第 i 个点源的源流量和污染物浓度；p_i 第 i 个点源的污染物浓度削减量；K_{xi}表示第 i 个点源的污染物沿程衰减率，可以通过式（5.1）或水质数学模型计算；x_i 表示第 i 个点源距控制断面的距离；Y 表示污染物总量控制的总成本；q_i 表示第 i 个点源污染物浓度削减的单位成本。

综合流域水环境分析和污染物总量控制成本，联合式（5.4）和式（5.5），利用线性规划的方法求得最优解，即使用最低成本［使式（5.5）中的 Y 最小］达到控制断面的污染物总量控制目标［式（5.4）］，即可获得污染物总量控制的最优方案。对于非点源污染，分析其污染源分布规律，通过数学期望等方法得到其等效点源后，利用式（5.4）和式（5.5）来获得污染物总量控制的最优方案。

第6章　秦皇岛河口海岸环境容量计算

6.1　概述[42,60-67]

6.1.1　环境容量的概念和定义

环境容量是海洋环境管理的主要依据之一，也是本研究的主要任务。科学合理地确定海域的环境容量，合理分配环境容量的空间分布，是有效地控制海域的污染物排放总量，确保海区环境资源充分利用的基础，为海洋资源的开发、保护，促进社会经济的持续发展，提供科学管理依据。

环境容量的概念最早由日本环境学界的学者于1968年提出，此概念源于类比电工学的电容量。当时日本为了改善环境质量状况，提出污染物排放总量控制的问题，即把一定区域的大气或水体中的污染物总量控制在一定的允许限度内，而环境容量则作为污染物总量控制的依据。之后日本环境厅委托卫生工学小组提出《1975年环境容量计量化调查研究报告》，环境容量的应用逐渐推广，并成为污染物治理的理论基础。欧洲国家的学者较少使用环境容量这一术语，而是用同化容量、最大容许排污量和水体容许污染水平来表达这个概念。

关于环境容量概念的界定，日本学者矢野雄幸提出：环境容量是按环境质量标准确定的，是一定范围的环境所能承纳的最大污染物负荷总量。1986年联合国海洋污染专家小组正式给出了国际上普遍接受的环境容量的概念：环境容量为环境特性，是在不造成环境不可承受的影响前提下，环境所能容纳某污染物的能力。我国从20世纪70年代开始引入环境容量这一概念。目前多数学者把水环境容量定义为：水体环境在规定的环境目标下所能容纳的污染物量。

根据水环境容量的定义，环境目标、水体环境特性和污染物特性是水环境容量的三类影响因素。以环境基准值作为环境目标是自然环境容量；以环境标准值作为环境目标是管理环境容量。严格的自然环境容量是很复杂的。当前水环境容量研究的主要对象是管理环境容量。在自然水体中，点污染源、面污染源及自然背景值（源）都对水体中的污染物总负荷有所“贡献”，都要占用相应的环境容量。但是自然背景值（源）和面污染源不易改变，两者所占用环境容量大部分难以再分配使用，实际可控制的污染物主要是点源污染。可分配使用的环境容量才是总量控制的基础。

国内外诸多学者对河流、湖泊、海洋的水体环境容量进行了研究。水体环境容量的计算，大多先通过水域功能区划确定水质目标；然后应用数学模型模拟，考察污染物排放量与水环境质量的定量响应关系；最终得到水体环境容量。

广义的环境容量更多地体现了环境的自然属性，但是环境是被人类用来开发利用的，环境所能容纳的污染物的量是根据人类利用该环境时所能接受的进入该环境的污染物的量。因此，环境容量被赋予了人为属性，即人类为了充分利用海洋的环境功能，规定了特定海域的水质、沉积物的环境质量标准（不同的环境功能其环境质量标准是不同的），使得环境所能容纳的污染物的量被限制在一定的限度之内，这个限度称之为管理环境容量。

目前所谓的“环境容量”一般是指“剩余环境容量”，即环境标准值与环境背景值之间的差值。环境标准值也就是一定意义上的环境容量限定值。海洋环境容量的研究主要是为海域管理提供科学依据，以更好地为海域规划、利用、海洋经济发展、海洋环境保护提供服务，因此限定值的确定主要也是依据当前的海洋功能区划，参考今后海域利用的相关规划等，并考虑到海域的可持续发展，为今后海洋功能区的划定提供科学依据。

环境背景值一般采用环境质量的现状，例如污染物的“背景浓度”。目前国内对“背景浓度值”的选取在方法上还不统一，大多是以受污染物排放影响较小的、远离排污口的外部海域的现状浓度作为“背景浓度”，有的以整个研究海域现状监测出现的最低值作为“背景浓度”，也有的取整个海域的平均值作为“背景浓度”。显然，环境背景值与污染物的入海方式、地点、入海量以及海湾的自然环境状况（包括地形、水动力状况等）密切相关，同时还与污染物自身的化学性质、海洋的生物作用等有关。

污染物入海后在环境动力作用下，其行为受到多种因素的影响。污染物的浓度分布是不均匀的。同样的水质标准下，不同海域所能容纳污染物的量不同，在水交换活跃、体积较大的区域，同样的空间范围所能容纳的污染物会较多，反之则较少。允许排放量是指在现有污染物排放条件下，水体中污染物浓度不超过海洋功能区划所规定的环境质量标准限定值条件下，水体中所能容纳的污染物的量。

6.1.2　海域环境容量研究的技术依据

本研究遵循下列方法开展“海域环境容量研究”：①从海域生态类型和污染生态效应出发，确定海域环境容量计算污染物；②依据 GB 3097—1997《海水水质标准》和《河北省海洋功能区划》，以及《河北省海洋生态红线区报告》，确定环境容量计算污染物的环境质量控制目标；③采用河北省海洋环境监测中心的室内模拟实验和文献资料分析的方法，确定计算污染物的生物化学降解速率以及氨氮和无机氮、总氮和氨氮的换算比例；④根据研究海域水体交换能力和污染物输运特征确定陆源污染物分配计算方案。

利用秦皇岛近岸海域水动力数学模型得到的流场结果以及秦皇岛污染源调查和水质现状（2013 年）调查结果，建立秦皇岛近岸海域主要污染物输运数学模型；在此基础上，根据海域污染源及水质现状的特点确定环境容量计算方案；对各方案计算结果按照不同污染物的容量特征进行优化选择，确定秦皇岛近岸海域主要污染物环境容量的分区分布，为海域污染物的排放总量控制和空间细化分配奠定基础。

6.1.3 环境容量计算污染物的确定

根据污染源和秦皇岛近岸海域水质现状以及陆源污染物控制指标的分析，秦皇岛近岸海域主要污染物为氮、磷等营养盐，化学需氧量（COD）为水体污染程度的综合指标，因此确定化学需氧量（COD）、总氮（TN）和总磷（TP）为环境容量及削减量的计算污染物。

6.1.4 环境容量限定值的确定

环境容量的研究始于20世纪70年代，海洋环境容量的研究多数开始于20世纪80年代。由于人类对自然规律认识的局限性和对生态系统健康认识的不足，环境容量的概念在经过许多应用经验教训后，90年代初提出在制定环境容量时必须遵从“预警预防原理”。预警预防原理要求“即使没有科学的证据证明在排放物与对生命系统产生危害之间存在必然的联系，只要有理由假设可能对海洋生命资源产生危害效应，就必须采取可行的技术和适宜的措施减少污染物质的排放”。目前预警预防原理已被国际上广泛接受并采用。

根据《河北省海洋功能区划》，北戴河海域的主要功能是浴场，执行国家《海水水质标准》（GB 3097—1997）的二类海水水质标准；北戴河西侧海域的主要功能是海水养殖，执行国家《海水水质标准》（GB 3097—1997）的二类海水水质标准；北戴河东侧局部海域还有港口航道、电厂取水排水等对水质要求较低，执行国家《海水水质标准》（GB 3097—1997）的四类海水水质标准，不同的功能区和水质标准所对应的控制目标不同。

另外，在整个潮周期内，秦皇岛近岸海域水体中污染物浓度分布是变化的，仅以某一个时刻的浓度来描述北戴河水环境状况并不合适，本次研究以全潮平均浓度值与控制目标对比分析，进行环境容量计算。

1) COD控制目标

根据《河北省海洋功能区划》，秦皇岛近岸海域的主导功能应为海水浴场，海水水质应执行国家《海水水质标准》（GB 3097—1997）的二类海水水质标准。二类标准中化学需氧量（COD_{Mn}）的标准值为小于等于3.0 mg/L。参考其他研究，厦门西海域（1986年）和厦门同安湾（1997年）刚开始出现赤潮时，海域的COD_{Mn}浓度都是从低于2.0 mg/L逐渐上升为较多出现高于2.0 mg/L的状况；秦皇岛近岸海域近年来出现赤潮也是海水的COD_{Mn}浓度常高于2.0 mg/L的状况。因此，一般认为2.0 mg/L的COD_{Mn}浓度是近海及海湾出现赤潮的一个最重要的指标。为了秦皇岛社会经济和自然环境的持续发展，按照预警预防原理，秦皇

岛近岸海域的 COD_{Mn}浓度应控制在小于或等于 2.0 mg/L 的范围内。

2）氨氮控制目标

二类海水水质标准中无机氮的标准值为小于等于 0.3 mg/L，因此海域无机氮浓度应控制在小于等于 0.3 mg/L 范围内。由于入海河流等陆源监测指标中未包含无机氮，选取入海河流水质监测和近岸海域海水环境监测均有的监测指标氨氮作为总氮环境容量计算的因子。

根据河北省海洋环境监测中心 2013 年 8 月的近岸海域海水监测数据，分析氨氮和无机氮的相关性关系，如图 6.1 所示。氨氮与无机氮的相关系数 $R=0.7566$。取显著水平为 0.01，查阅显著性水平为 0.01 的相关系数表可知，在样本容量为 75 时，所需的最低相关系数 $R_{0.01}=0.2961<R=0.7566$，所以氨氮（NH_3-N）和无机氮（DIN）具有正相关关系。建立线性回归方程，氨氮与无机氮的关系如公式（6.1）所示。

$$DIN = 2.6044 \times (NH_3 - N) + 0.0192 \tag{6.1}$$

因此为控制海域无机氮浓度小于等于二类海水水质标准（0.3 mg/L），海域氨氮浓度应控制在 0.107 8 mg/L。

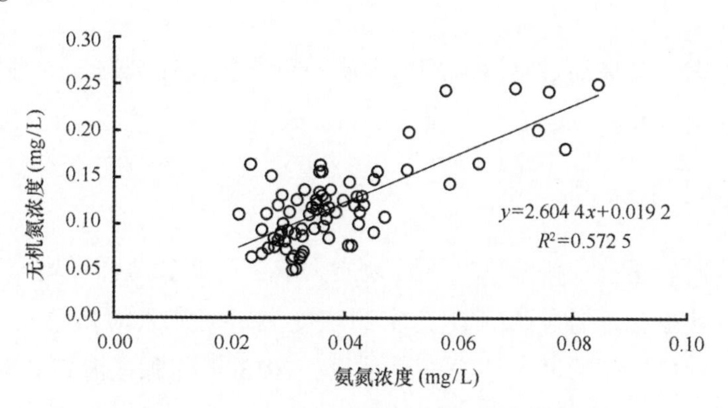

图 6.1　近岸海域氨氮-无机氮浓度的相关性

本次环境容量计算主要考虑陆源河流污染输入、直排口污染输入和养殖区污染输入，在削减量计算时主要考虑相对容易控制的陆源河流污染输入的削减。根据河北省海洋环境监测中心 2013 年 8 月近岸海域海水环境监测数据，秦皇岛入海河口海域氨氮与无机氮的转换系数及氨氮控制浓度如表 6.1 所示。表中汤河口和新河口海域有两个监测站点（Q27 和 Q26），则其氨氮与无机氮的转换系数取两个站点转换系数的平均值，东沙河和大蒲河河口海域以及七里海河口海域的氨氮与无机氮的转换系数计算同理。从表 6.1 可以看出，新开河河口海域所需控制的氨氮浓度最低，为 0.071 1 mg/L，各河口海域所需控制的氨氮平均浓度为0.089 8 mg/L。

表 6.1　2013 年秦皇岛入海河口海域氨氮与无机氮浓度的转换系数及氨氮控制浓度

<table>
<tr><th>河流</th><th>参考站点</th><th>氨氮/无机氮</th><th>转换系数</th><th>氨氮控制浓度（mg/L）</th></tr>
<tr><td>石河</td><td>Q402</td><td>0.361 1</td><td>0.361 1</td><td>0.108 3</td></tr>
<tr><td>新开河</td><td>Q029</td><td>0.237 1</td><td>0.237 1</td><td>0.071 1</td></tr>
<tr><td>汤河</td><td>Q27</td><td>0.386 9</td><td rowspan="2">0.324 1</td><td rowspan="2">0.097 2</td></tr>
<tr><td>新河</td><td>Q26</td><td>0.261 2</td></tr>
<tr><td>戴河</td><td rowspan="2">Q23</td><td rowspan="2">0.264 7</td><td rowspan="2">0.264 7</td><td rowspan="2">0.079 4</td></tr>
<tr><td>洋河</td></tr>
<tr><td>人造河</td><td>Q503</td><td>0.384 2</td><td>0.384 2</td><td>0.115 3</td></tr>
<tr><td>东沙河</td><td>Q017</td><td>0.374 2</td><td rowspan="2">0.259 1</td><td rowspan="2">0.077 7</td></tr>
<tr><td>大蒲河</td><td>Q016</td><td>0.143 9</td></tr>
<tr><td rowspan="2">七里海</td><td>Q012</td><td>0.325 4</td><td rowspan="2">0.281 6</td><td rowspan="2">0.084 5</td></tr>
<tr><td>Q008</td><td>0.237 7</td></tr>
<tr><td>滦河</td><td>Q001</td><td>0.284 0</td><td>0.284 0</td><td>0.085 2</td></tr>
<tr><td>平均</td><td>—</td><td>—</td><td>—</td><td>0.089 8</td></tr>
</table>

综上所述，考虑到秦皇岛近岸海域海水水质的重要性及赤潮爆发的频繁性，本次环境容量计算从严考虑，选取 0.07 mg/L 作为秦皇岛近岸海域氨氮环境容量计算的控制浓度。

3）总磷控制目标

根据河北省地矿局秦皇岛矿产水文工程地质大队、河北省海洋环境监测中心和暨南大学的河流及近海实测数据，近海总磷（TP）实测浓度大于河流入海口总磷（TP）浓度。《秦皇岛近岸海域主要污染来源诊断评估报告》估算，2013 年陆源入海口总磷（TP）年入海量为 147 t，而秦皇岛 5—10 月浮筏养殖海湾扇贝总磷（TP）输出合计 1 081 t，因此对北戴河邻近海域总磷输入较大者是浮筏养殖。经专家讨论，将北戴河邻近海域入海河流总磷排放控制到二类地表水水质标准（TP = 0.1 mg/L）。

6.2　环境容量计算方案

6.2.1　COD_{Cr} 环境容量计算方案

影响秦皇岛近岸海域环境容量的因素多且复杂，要准确确定环境容量，必须对各种影响因素进行综合分析，进而确定计算方案，从理论上说，这样的计算方案可有无穷多个。本研究重点为秦皇岛近岸海域陆源污染环境容量。为提高计算效率，并且能够综合反映环境容量影响因素，分 4 个步骤进行秦皇岛近岸海域环境容量计算：①在正式进行环境容量计算前，先进行若干预方案的计算，目的在于分析秦皇岛近岸海域各河口 COD_{Mn} 源强变化与海域浓度场变化响应规律，并初步确定秦皇岛近岸海域 COD_{Mn} 环境容量；②根据海域污染源及水质现状的特点，结合 COD_{Mn} 环境容量计算控制指标和水质控制目标，确定环境容量计算方案，并进行计算；③对各方案结果进行比选，择其最优者确定 COD_{Mn} 环境容量；④将计算得到的 COD_{Mn} 环境容量换算成 COD_{Cr} 环境容量。

因计算海域为开放性海域，以入海河流为汇水区自然分区，且河口混合区面积很小，COD_{Mn} 以 2.0 mg/L 严格控制至河口，因此上述 4 步可以进行简化，计算方案以调整河口入海 COD 浓度进行比选。

根据第 4 章水动力的计算结果，秦皇岛近岸海域虽然为开放性海域，但因岸线曲折变化，且滦河口附近及其外为辽东湾和渤海湾潮流分流点，戴河口至七里海、金山嘴东和滦河口水体交换率达到 50% 的时间相差较大，秦皇岛近岸海域水体达到半交换所需要的时间为 10～120 d，滦河口为 70～90 d，石河口为 80～90 d，七里海至汤河口大于 110 d。北戴河邻近海域水体交换达到 90% 所需时间为 200～360 d，石河口至汤河口为 310～350 d，汤河口至滦河口大于 350 d，说明北戴河近岸海域水体交换能力相对较弱，与研究区域外海域水体充分交换所需时间长。可见，秦皇岛近岸海域的水体交换能力在空间上的差异是比较明显的。因此，在计算环境容量时，应该根据各河口的水体交换能力考虑污染物的削减量。

根据污染源及水质现状的特点，对各河口源强增量进行不同组合，从而确定环境容量计算方案。COD_{Mn} 方案的控制目标是海域浓度不超过 2.0 mg/L，河口严格控制为 2.0 mg/L；对于河口浓度未超标的河流，不再增加排污量。针对各河口源强削减量，既考虑了源强大小与超标面积的关系，也考虑了各河口水体交换率。利用 COD_{Mn} 水质模型对各河口调整方案进行计算[68]。表 6.2 列出了 8 月 6 个计算方案条件下秦皇岛近岸海域 COD_{Mn} 浓度超过 2.0 mg/L 的海域面积以及对应的源强及其变化量。因戴河、洋河、人造河、东沙河和大蒲河相距较近，对近岸海域的污染物分布具有综合影响，使得 COD_{Mn} 等于 2.0 mg/L 的等值线在这几个河口区域连成一线，因此在分析源强变化与超标面积关系时，将这几个河口源强进行统筹考虑。东沙河 8 月 COD_{Mn} 入海通量小，且在近岸海域的响应系数场亦较小，所以其对超标面积贡献极小，在此仅考虑戴河、洋河、人造河和大蒲河。方案 1 至方案 3 分别将超标河口（汤河、戴河、洋河、人造河、大蒲河和滦河）的 COD_{Mn} 现状源强削减 20%、40% 和 60%，其余河流保持现状源强输入，计算表明，在现状削减 20% 和 40% 时，各超标河口的 COD_{Mn} 浓度仍大于 2 mg/L，在现状源强削减 60% 时，汤河、戴河和大蒲河河口 COD_{Mn} 浓度已低于 2 mg/L，符合计算要求，而洋河和人造河河口海域 COD_{Mn} 浓度仍大于 2 mg/L，超标面积分别为 0.198 km^2 和 0.067 4 km^2。由于洋河、人造河和滦河的 COD_{Mn} 现状源强较大，其对大蒲河和戴河河口海域 COD_{Mn} 浓度分布影响也较大，即在将洋河、人造河和滦河的 COD 现状源强削减时，戴河和大蒲河河口海域 COD_{Mn} 浓度亦会降低，因此可以在方案 3 的基础上，方案 4 适度减少戴河和大蒲河的 COD_{Mn} 削减量，均削减 40%，增大洋河和人造河 COD_{Mn} 削减量，分别削减 70% 和 75%。计算结果显示，与方案 2 相比，同样削减 40% 的戴河和大蒲河河口，超标面积有所减小，分别只超标 0.003 9 km^2 和 0.003 8 km^2，洋河、人造河和滦河河口 COD_{Mn}浓度仍有所超标。方案 5 在方案 4 的基础上，将洋河、人造河和滦河的现状源强均削减 90%，计算结果显示，所有河口海域 COD_{Mn}浓度均小于等于 2 mg/L，符合计算要求。方案 6 在方案 5 的基础上，将汤河、洋河、人造河和滦河的 COD 现状源强分别削减 50%、80%、80% 和 75%，计算结果显示，所有河口海域 COD_{Mn}浓度均小于等于 2 mg/L，符合计算要求，且削减量小于方案 5，因此选定方案 6 为最终方案，即方案 6 的源强输入为 2013 年 8 月秦皇岛近岸海域 COD_{Mn}的计算容量。

河口 COD_{Mn}浓度值超过控制指标 2.0 mg/L 的主要原因是由于河流污染物输入大，部分河口水体交换能力差，污染物随河流输入并累积的缘故。表 6.2 的结果表明，各河口单独削减相同比例源强时，各河口产生的浓度超标海域面积大小不同。由于秦皇岛近岸海域的海域面积、地形条件、水动力条件、水体交换能力、污染物排放现状等各不相同，各河口污染物源强削减对整个秦皇岛近岸海域水环境的影响是不一样的。

表 6.2　COD_{Mn}输运模型计算的 8 月主要陆源源强变化及相应超标面积

污染源		汤河	戴河	洋河	人造河	大蒲河	滦河
现状源强	现状源强（t/m）	1 830.515 0	394.787 6	1 733.957 6	885.286 2	728.940 5	11 653.241 6
	超标面积（km^2）	4.312	54.620 0				37.710 0
方案 1	源强增减值（t/m）	-366.103	-78.957 5	-346.791 5	-177.057 2	-145.788 1	-2 330.648 3
	相对比率（%）	-20	-20	-20	-20	-20	-20
	超标面积（km^2）	1.041	12.56		4.105	0.25	17.27
	超标面积（km^2）	1.041	16.915				17.27
	超标面积减少率（%）	75.86	69.03				54.20
方案 2	源强增减值（t/m）	-732.206	-157.915 0	-693.583	-354.114 5	-291.576 2	-4 661.296 6
	相对比率（%）	-40	-40	-40	-40	-40	-40
	超标面积（km^2）	0.116	0.011 5	1.333	0.522 5	0.022 1	5.227
	超标面积（km^2）	0.116	1.889				5.227
	超标面积减少率（%）	97.31	96.54				86.14
方案 3	源强增减值（t/m）	-1 098.309	-236.872 6	-1 040.374 6	-531.171 7	-437.364 3	-6 991.945
	相对比率（%）	-60	-60	-60	-60	-60	-60
	超标面积（km^2）	—	—	0.198	0.067 4	—	0.707 5
	超标面积（km^2）	—	0.265 4				0.707 5
	超标面积减少率（%）	100	99.51				98.12
方案 4	源强增减值（t/m）	-1 098.309	-157.915 0	-1 213.770 3	-663.964 6	-291.576 2	-6 991.945 0
	相对比率（%）	-60	-40	-70	-75	-40	-60
	超标面积（km^2）	—	0.003 9	0.105 7	0.020 8	0.003 8	0.627 6
	超标面积（km^2）	—	0.134 2				0.627 6
	超标面积减少率（%）	100	99.75				98.34

续表 6.2

污染源		汤河	戴河	洋河	人造河	大蒲河	滦河
方案 5	源强增减值（t/m）	−1 098.309	−157.915 0	−1 560.561 8	−796.757 6	−291.576 2	−10 487.917 4
	相对比率（%）	−60	−40	−90	−90	−40	−90
	超标面积（km^2）	—	—	—	—	—	—
	超标面积（km^2）	—	—				—
	超标面积减少率（%）	100	100				100
方案 6	源强增减值（t/m）	−915.257 5	−157.915 0	−1 387.166 1	−708.229	−291.576 2	−8 739.931 2
	相对比率（%）	−50	−40	−80	−80	−40	−75
	超标面积（km^2）	—	—	—	—	—	—
	超标面积（km^2）	—	—				—
	超标面积减少率（%）	100	100				100

根据方案 1 至方案 3 的计算结果，分别绘制 COD_{Mn} 源强削减及源强削减比例与超标面积关系图，如图 6.2 和图 6.3 所示，各河口单独削减相同的源强在近岸海域产生的超标面积大小不一。由于戴河口至大蒲河口水体交换能力较滦河口差，在源强削减的开始阶段（约 <20%），戴河口至大蒲河口已见成效，滦河口水体交换能力较强，源强削减也见成效，但较之戴河口至大蒲河口效果没有那么显著；随着源强削减、超标面积的进一步减小，改善不明显，即大幅度削减源强控制污染物超标的效果减弱。

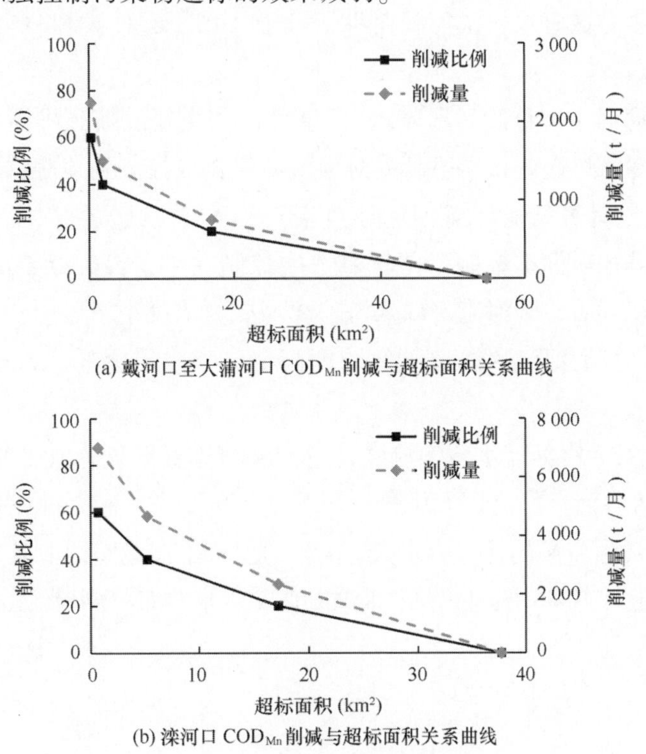

图 6.2　8 月 COD_{Mn} 源强削减与超标面积关系曲线

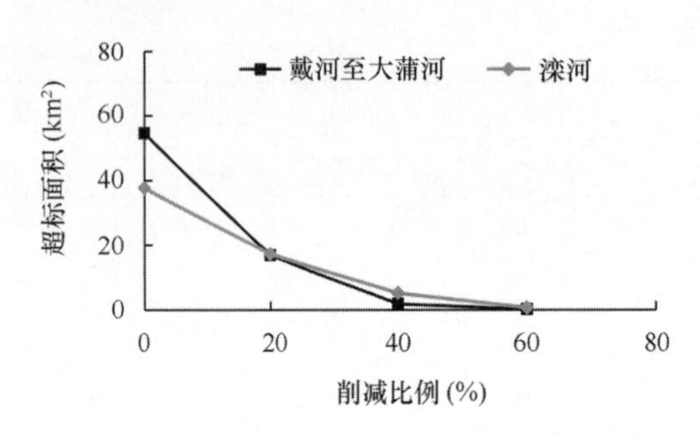

图 6.3　8 月不同河口 COD_{Mn} 源强削减比例与超标面积关系曲线

6.2.2　TN 环境容量计算方案

本次环境容量计算主要考虑陆源入海河流、直排口和养殖区的污染物输入，削减量只计算陆源河流的 TN 削减。由于近岸海域水质监测指标不包括 TN，而入海河流水质监测指标不包括 DIN，为保证陆源输入污染物与近岸海域污染物浓度场保持一致，选取氨氮作为环境容量计算污染物。根据近岸海域水质监测数据相关性分析，氨氮与 DIN 具有线性相关关系，将近岸海域 DIN 控制到二类海水水质标准（0.3 mg/L），从而需控制近岸海域氨氮浓度小于等于 0.07 mg/L。根据氨氮验证计算结果，近岸海域氨氮浓度呈现自近岸到外海浓度减小的趋势，因此为使近岸海域海水氨氮控制在小于等于 0.07 mg/L，需将各河口入海处严格控制在 0.07 mg/L 之下。

根据《河北省海洋生态红线区报告》，秦皇岛市禁止新设陆源排污口，严格控制陆源污染排放。同时，经专家讨论，将秦皇岛入海河流氨氮排放控制到地表水二类水质标准（氨氮 =0.5 mg/L）。所以在计算氨氮环境容量时，对于入海口海域氨氮浓度小于 0.07 mg/L 的河流，按照地表水二类水质标准控制，即氨氮浓度控制在小于等于 0.5 mg/L。对于入海口海域氨氮浓度高于 0.07 mg/L 的河流，以入海口海域氨氮浓度小于等于 0.07 mg/L 标准严格控制其入海总量，若计算后河流入海口氨氮浓度高于二类水质标准 0.5 mg/L，则将其控制在 0.5 mg/L。

根据 2013 年各月入海河流水质实测值，得到各河流氨氮与总氮（TN）的平均换算关系（见表 6.3），最后将各河口氨氮最大排放量换算成各河口 TN 最大排放量，从而得到秦皇岛各月 TN 计算环境容量，TN 的计算容量大于 TN 的现状排污量，则取其现状排污量为其环境容量，并在此基础上计算 TN 的削减量，TN 的削减量等于 TN 现状源强减去 TN 环境容量。

表6.3 秦皇岛入海河流氨氮与总氮平均换算关系

河流	氨氮/总氮
石河	0.213 9
新开河	0.165 5
汤河	0.189 3
新河	0.201 6
戴河	0.247 6
洋河	0.181 0
人造河	0.204 8
东沙河	0.226 7
大蒲河	0.171 8
七里海	0.209 4
滦河	0.189 9

7月秦皇岛入海河流氨氮环境容量计算方案如表6.4所示（河口海域氨氮浓度未超标，且入海河流氨氮浓度小于0.5 mg/L的河流，其氨氮源强输入量不做调整，在表中未予列出）。现状源强的输入下，人造河和滦河口海域氨氮浓度均大于0.07 mg/L，超标面积分别为0.024 9 km^2和0.169 8 km^2。石河、新河、戴河、东沙河、大蒲河和七里海海域氨氮浓度均未超标，但其河口氨氮浓度均大于地表水二类水质标准，需将其氨氮浓度控制到地表水二类水质标准0.5 mg/L。新开河、汤河和洋河河口海域氨氮浓度均未超标，且其河流入海口氨氮浓度均低于0.5 mg/L，对其保持现状即可。方案1建立在现状源强的研究成果基础上，将石河、新河、戴河、东沙河、大蒲河和七里海河流入海口氨氮浓度削减到0.5 mg/L，将人造河源强输入削减20%，滦河氨氮源强输入削减10%，其余河流保持现状源强输入。计算表明，滦河口海域氨氮浓度已达到要求，小于等于0.07 mg/L；而人造河口仍有部分海域氨氮浓度高于0.07 mg/L，超标面积为0.013 7 km^2。方案2、方案3和方案4分别建立在方案1的研究成果基础上，相比于方案1，将人造河源强输入分别削减40%、50%和60%，其余源强削减与方案1一致。计算表明，方案2（人造河源强削减40%）和方案3（人造河源强削减50%）人造河口海域超标面积分别为0.005 4 km^2和0.003 0 km^2，方案4秦皇岛近岸海域氨氮浓度均小于0.07 mg/L，达到控制要求。方案5建立在方案4的研究成果基础上，相比于方案4，将人造河源强输入削减55%，其余源强削减与方案4一致。计算表明，秦皇岛近岸海域氨氮浓度均小于0.07 mg/L，达到控制要求，且削减量小于方案4削减量，因此选定方案5为最终方案，即方案5的源强输入为2013年7月秦皇岛近岸海域氨氮的计算容量。

表 6.4 氨氮输运模型计算的 7 月主要陆源源强变化及相应的超标面积

污染源		石河	新河	戴河	人造河	东沙河	大蒲河	七里海	滦河
现状源强	现状源强（t/m）	16.505 5	0.157 8	10.369 3	10.930 1	1.754 4	17.205 0	3.218 8	104.992 7
	超标面积（km²）	—	—	—	0.024 9	—	—	—	0.169 8
方案1	源强增减值（t/m）	-5.759 7	-0.032 6	-0.803 5	-2.186 0	-0.462 5	-3.636 4	-0.221 8	-95.543 3
	相对比率（%）	-35	-21	-8	-20	-26	-21	-7	-10
	超标面积（km²）	—	—	—	0.013 7	—	—	—	—
	超标面积减少率（%）	—	—	—	44.86	—	—	—	100
方案2	源强增减值（t/m）	-5.759 7	-0.032 6	-0.803 5	-4.372 1	-0.462 5	-3.636 4	-0.221 8	-95.543 3
	相对比率（%）	-35	-21	-8	-40	-26	-21	-7	-10
	超标面积（km²）	—	—	—	0.005 4	—	—	—	—
	超标面积减少率（%）	—	—	—	78.31	—	—	—	100
方案3	源强增减值（t/m）	-5.759 7	-0.032 6	-0.803 5	-5.465 1	-0.462 5	-3.636 4	-0.221 8	-95.543 3
	相对比率（%）	-35	-21	-8	-50	-26	-21	-7	-10
	超标面积（km²）	—	—	—	0.003 0	—	—	—	—
	超标面积减少率（%）	—	—	—	87.79	—	—	—	100
方案4	源强增减值（t/m）	-5.759 7	-0.032 6	-0.803 5	-6.558 1	-0.462 5	-3.636 4	-0.221 8	-95.543 3
	相对比率（%）	-35	-21	-8	-60	-26	-21	-7	-10
	超标面积（km²）	—	—	—	—	—	—	—	—
	超标面积减少率（%）	—	—	—	100	—	—	—	100
方案5	源强增减值（t/m）	-5.759 7	-0.032 6	-0.803 5	-6.011 6	-0.462 5	-3.636 4	-0.221 8	-95.543 3
	相对比率（%）	-35	-21	-8	-55	-26	-21	-7	-10
	超标面积（km²）	—	—	—	—	—	—	—	—
	超标面积减少率（%）	—	—	—	100	—	—	—	100

综上所述，2013 年 7 月秦皇岛入海河流的氨氮计算容量及总氮的计算容量和削减量如表 6.5 所示。2013 年 7 月滦河口海域总氮环境容量和削减量均最大，分别为 497.595 6 t 和 150.888 6 t。2013 年 7 月秦皇岛近岸海域总氮环境容量为 860.187 1 t，总氮削减量为 204.233 5 t。

表 6.5　2013 年 7 月秦皇岛入海河流氨氮计算容量及总氮环境容量和削减量　　单位：t

7 月	氨氮计算容量	氨氮/TN	TN 计算容量	TN 现状源强	TN 环境容量	TN 削减量
石河	10.745 7	0.213 9	50.237 2	68.128 0	50.237 2	17.890 8
新开河	7.804 2	0.165 5	47.155 2	27.377 9	27.377 9	0
汤河	20.627 3	0.189 3	108.966 3	110.249 4	108.966 3	1.283 2
新河	0.125 2	0.201 6	0.621 1	0.706 2	0.621 1	0.085 1
戴河	9.565 8	0.247 6	38.634 0	39.602 3	38.634 0	0.968 3
洋河	2.508 9	0.181 0	13.861 1	13.748 2	13.748 2	0
人造河	4.918 6	0.204 8	24.016 4	43.844 9	24.016 4	19.828 5
东沙河	1.291 9	0.226 7	5.698 8	8.035 8	5.698 8	2.336 9
大蒲河	13.568 6	0.171 8	78.979 3	85.482 4	78.979 3	6.503 2
七里海	2.997 0	0.209 4	14.312 3	18.761 2	14.312 3	4.448 9
滦河	94.493 4	0.189 9	497.595 6	648.484 2	497.595 6	150.888 6

6.2.3　TP 环境容量计算方案

暨南大学于 2013 年 8 月 27—29 日对新开河口、新河口、戴河口和洋河口外近岸海域的总磷进行了监测，总磷浓度范围 0.018~0.151 mg/L，平均值为 0.111 2 mg/L。秦皇岛水文矿产大队于 2013 年 8 月 19—24 日对新开河口、新河口、戴河口和洋河口进行了水样取样，并由河北省海洋环境监测中心对水样分析化验，4 个河口的总磷浓度分别为 0.065 mg/L、0.116 mg/L、0.078 mg/L 和 0.137 mg/L，平均值为 0.099 mg/L。秦皇岛整体上入海河流的总磷陆源输入浓度略小于近岸海域海水总磷浓度。《秦皇岛近岸海域主要污染来源诊断评估报告》研究估算，2013 年秦皇岛沿岸陆源入海口的总磷入海量为 147 t，而 2013 年 5—10 月秦皇岛浮筏养殖海湾扇贝总磷输出合计为 108 1 t，因此对秦皇岛近岸海域总磷输入较大者是浮筏式养殖。

本次环境容量的计算主要考虑了陆源河流污染的输入，同时对养殖区污染的输入进行了简单的概化，且在污染减排削减时只考虑对陆源污染物的削减。根据《河北省海洋生态红线区报告》，秦皇岛市禁止新设陆源排污口，严格控制陆源污染排放，同时，经专家讨论，将秦皇岛入海河流总磷排放控制到地表水二类水质标准。因此，在计算总磷环境容量时，对于满足二类水质标准的河流，对其保持现状，不得增加污染物排放；对于超过二类水质标准的河流，应将其浓度削减到二类水质标准。

6.3 环境容量计算结果

6.3.1 COD_{Cr} 环境容量

经各方案优化计算，确定秦皇岛近岸海域各月 COD_{Mn}的环境容量见表 6.6 和表 6.7。对于河口海域 COD_{Mn}浓度未超标的河流，不再增加排污，以现状源强作为其计算环境容量。汤河、戴河、洋河、人造河、大蒲河和滦河为秦皇岛近岸海域 COD 的主要陆源排污，根据计算确定各月容量，结合现状排放量进行削减。从表 6.6 可知，由于 8 月无论河流入海水量还是近岸水动力条件都较其他月份强，但由于排海污染量大，河口近岸海域有较大范围的水质超标，均需要进行污染物减排，削减量以滦河为最，为 8 739.931 2 t，其次为洋河，为 1 387.166 1 t；1—6 月超标河流主要是人造河、大蒲河和滦河，7 月超标河流增加了戴河和汤河。从河流来看，洋河和滦河为 COD 污染超标最严重的河流，汤河、戴河、人造河和大蒲河在夏季也有超标现象。滦河入海水量高居首位，造成河口近岸海域 COD 超标，6—9 月 COD 现状排污量均超过计算容量，需要进行排污削减，以 8 月削减最多，其次为 7 月；人造河 10 月和 12 月未见 COD 超标，其他月份污染较为严重，同时由于葡萄岛和河口导堤的存在，污染物不易扩散，造成河口海域 COD_{Mn}浓度超标，在洪季（尤其是 8 月）削减量较大；戴河 7 月和 8 月分别需削减 79.587 2 t 和 157.915 0 t；洋河 8 月、9 月的 COD_{Mn}超标较为严重，分别需削减 1 387.166 1 t 和 2 209.915 7 t；汤河主要在洪季 7 月和 8 月超标严重，分别需削减 472.732 t 和 915.257 5 t。

从各月全河口海域总量来看（见表 6.7），除 10 月和 12 月，其余月份 COD_{Mn}均需进行削减，各河流削减量见表 6.6。就整个海域而言，各月的 COD_{Mn}容量反映出近岸海域潮流的季节性差异，夏季海洋水动力强，容量也较秋冬季大。

将计算得到的 COD_{Mn}环境容量按 COD_{Cr}的环境容量的数值约为 COD_{Mn}容量的 2.5 倍进行换算，即可求出 COD_{Cr}的环境容量；由此得到秦皇岛近岸海域 COD_{Cr}的全年环境容量合计约 101 750.502 5 t，年削减量为 66 503.213 5 t。

6.3.2 TN 环境容量

经各方案优化计算，确定秦皇岛近岸海域氨氮计算容量及总氮环境容量和削减量如表 6.8 和表 6.9 所示。对于未超标河流，根据《河北省海洋生态红线区报告》，不予增加排污，即以现有源强作为其环境容量，不进行削减（削减量为 0）。从表 6.8 可以看出，滦河总氮年环境容量最高，为 2 091.160 3 t，大蒲河和汤河次之，分别为 345.413 1 t 和 303.179 0 t。

由于滦河径流量远远大于其他河流，其现状源强也极大，因此滦河削减量也是最高，为 273. 112 2 t，洋河次之，为 177. 402 3 t，主要是由于 9 月径流量较大，源强输入量高，造成其削减量较大，为 146. 752 2 t；而新开河则是由于氨氮和总氮浓度较高，每月污染物输入量较大，除 6 月外其余各月均需削减。新河的总氮年环境容量和削减量均最小，分别为 5. 214 8 t和 2. 148 5 t。6 月所需削减的河流最少，仅戴河、人造河和东沙河总氮需要削减，削减量分别为 0. 336 2 t、20. 326 2 t 和 1. 813 5 t。12 月所需削减的河流最多，所有河流总氮均需削减，不过除滦河削减量较大，为 36. 118 8 t 外，其余河流削减量均较小。滦河 7 月总氮容量最大，为 497. 595 6 t，8 月次之，为 471. 270 8 t。滦河 7 月总氮削减量最大，为 150. 888 6 t，洋河 9 月削减量次之，为 146. 752 2 t。

从表 6. 9 可以看出，秦皇岛近岸海域 7 月总氮环境容量最高，为 860. 187 1 t，8 月和 9 月次之，分别为 809. 860 1 t 和 447. 438 7 t。但由于 7 月和 9 月的总氮源强输入量较高，其削减量也较大。秦皇岛近岸海域 9 月总氮削减量最高，为 236. 904 7 t，7 月次之，为 204. 233 5 t。秦皇岛近岸海域 4 月和 5 月总氮环境容量最小，月环境容量为 85. 844 3 t；10 月总氮削减量最少，削减量为 14. 210 4 t；1 月、2 月、3 月削减量也较少，月削减量为 18. 436 5 t，主要是由于 1 月、2 月、3 月总氮输入量较小的原因。秦皇岛近岸海域总氮年环境容量为 3 583. 500 1 t，年削减量为 704. 735 1 t。

表 6.6　2013 年秦皇岛入海河流 COD_{Mn} 逐月排放量、环境容量和削减量

单位：t

		石河	新开河	汤河	新河	戴河	洋河	人造河	东沙河	大蒲河	七里海	滦河
1 月、2 月、3 月	排放量	3. 740 0	3. 012 2	38. 671 8	—	—	—	256. 845 6	—	511. 386 0	—	—
	环境容量	3. 740 0	3. 012 2	38. 671 8	0. 090 1	70. 887 1	47. 615 4	160. 528 5	4. 290 8	511. 386 0	9. 220 0	799. 079 4
	削减量	0	0	0	—	—	—	96. 317 1	—	0	—	—
4 月、5 月	排放量	6. 181 4	3. 839 6	54. 135 4	—	—	—	196. 444 5	—	557. 875 6	—	718. 868 8
	环境容量	6. 181 4	3. 839 6	54. 135 4	0. 105 1	56. 709 7	48. 836 3	157. 155 6	3. 960 7	557. 875 6	8. 510 8	718. 868 8
	削减量	0	0	0	—	—	—	39. 288 9	—	0	—	0
6 月	排放量	16. 798 9	5. 829 2	120. 516 8	0. 619 2	228. 414 0	196. 701 7	327. 407 6	101. 523 5	1140. 784 1	142. 663 7	2 477. 092 8
	环境容量	16. 798 9	5. 829 2	120. 516 8	0. 619 2	228. 414 0	196. 701 7	65. 481 5	101. 523 5	456. 313 7	142. 663 7	2 229. 383 5
	削减量	0	0	0	0	0	0	261. 926 1	0	684. 470 5	0	247. 709 3
7 月	排放量	722. 113 8	67. 495 7	1 575. 773 4	6. 811 7	397. 936 1	223. 700 0	572. 160 7	82. 683 3	911. 812 6	191. 807 7	10 869. 830 4
	环境容量	722. 113 8	67. 495 7	1 103. 041 4	6. 811 7	318. 348 9	223. 700 0	343. 296 4	82. 683 3	547. 087 6	191. 807 7	4 347. 932 2
	削减量	0	0	472. 732	0	79. 587 2	0	228. 864 3	0	364. 725 1	0	6 521. 898 2
8 月	排放量	1 311. 050 4	202. 487 0	1 830. 515	90. 097 1	394. 787 6	1 733. 957 6	885. 286 2	46. 522 7	728. 940 5	154. 297 3	11 653. 241 6
	环境容量	1 311. 050 4	202. 487 0	915. 257 5	90. 097 1	236. 872 6	346. 791 5	177. 057 2	46. 522 7	437. 364 3	154. 297 3	2 913. 310 4
	削减量	0	0	915. 257 5	0	157. 915 0	1 387. 166 1	708. 229	0	291. 576 2	0	8 739. 931 2
9 月	排放量	347. 442 0	166. 997 4	310. 177 4	24. 740 4	146. 639 2	2 762. 394 6	126. 206 2	25. 144 5	758. 902 1	85. 801 4	4 967. 539 2
	环境容量	347. 442 0	166. 997 4	310. 177 4	24. 740 4	146. 639 2	552. 478 9	88. 344 3	25. 144 5	455. 341 3	85. 801 4	2 483. 769 6
	削减量	0	0	0	0	0	2 209. 915 7	37. 861 9	0	303. 560 9	0	2 483. 769 6
10 月	排放量	163. 913 8	21. 212 9	230. 389 5	2. 914 1	110. 075 8	379. 145 7	74. 995 2	48. 339 8	444. 829 9	75. 016 6	2 917. 761 6
	环境容量	163. 913 8	21. 212 9	230. 389 5	2. 914 1	110. 075 8	379. 145 7	74. 995 2	48. 339 8	444. 829 9	75. 016 6	2 917. 761 6
	削减量	0	0	0	0	0	0	0	0	0	0	0

续表 6.6

		石河	新开河	汤河	新河	戴河	洋河	人造河	东沙河	大蒲河	七里海	滦河
11月	排放量	63. 180 2	65. 318 4	67. 110 0	2. 999 8	80. 274 9	98. 496 6	248. 474 1	50. 036 0	505. 296 2	51. 027 1	2 009. 716 8
	环境容量	63. 180 2	65. 318 4	67. 110 0	2. 999 8	80. 274 9	98. 496 6	111. 813 3	50. 036 0	505. 296 2	51. 027 1	2 009. 716 8
	削减量	0	0	0	0	0	0	136. 660 8	0	0	0	0
12月	排放量	22. 391 4	64. 120 9	43. 465 3	1. 357 5	45. 186 6	134. 001 4	29. 132 4	44. 122 9	21. 084 4	22. 528 3	1 484. 475 2
	环境容量	22. 391 4	64. 120 9	43. 465 3	1. 357 5	45. 186 6	134. 001 4	29. 132 4	44. 122 9	21. 084 4	22. 528 3	1 484. 475 2
	削减量	0	0	0	0	0	0	0	0	0	0	0
总计	排放量	2 670. 473 4	610. 177 3	4 402. 233 6	129. 539 8	1 403. 314 2	5 528. 397 6	3 427. 088 2	398. 372 7	7 161. 559	723. 142 1	37 817. 395 2
	环境容量	2 670. 473 4	610. 177 3	3 014. 244 1	130. 020 2	1 491. 892 6	2 171. 834 6	1 686. 017	419. 166 5	5 517. 226 6	767. 823 5	22 221. 325 2
	削减量	0	0	1 387. 989 5	0	237. 502 2	3 597. 081 8	1 741. 071 2	0	1 644. 332 4	0	17 993. 308 3

表 6.7 2013年秦皇岛入海河流 COD_{Mn} 逐月排放量、环境容量和削减量

单位：t

	1月、2月、3月	4月、5月	6月	7月	8月	9月	10月	11月	12月	总计	COD_{Cr}全年
逐月排放量	813. 655 6	1 537. 345 3	4 758. 351 5	15 622. 125 4	19 031. 183 0	9 721. 984 4	4 468. 594 9	3 241. 930 1	1 911. 866 3	64 271. 693 2	160 679. 232 5
环境容量	1 648. 521 3	1 616. 178 9	3 564. 245 7	7 954. 318 7	6 831. 108 0	4 686. 876 4	4 468. 594 9	3 105. 269 3	1 911. 866 3	40 700. 200 9	101 750. 502 5
削减量	96. 317 1	39. 288 9	1 194. 105 8	7 667. 806 7	12 200. 075 0	5 035. 108 0	0	136. 660 8	0	26 601. 285 4	66 503. 213 5

表 6.8 2013 年秦皇岛入海河流的氨氮逐月计算容量、TN 逐月环境容量、排放量和削减量

单位：t

		石河	新开河	汤河	新河	戴河	洋河	人造河	东沙河	大蒲河	七里海	滦河
1月、2月、3月	氨氮计算容量	0.049 9	0.127 5	0.343 2	0.003 8	2.033 1	0.374 8	2.293 3	0.185 1	7.264 0	0.284 5	20.380 9
	TN 环境容量	0.233 1	0.770 2	1.813 0	0.018 8	8.211 2	2.070 4	11.197 6	0.816 6	32.669 3	1.208 7	107.324 5
	TN 排放量	0.433 6	1.141 3	3.896 0	0.019 7	10.738 6	7.353 3	12.442 6	0.939 9	32.669 3	1.208 7	113.926 9
	TN 削减量	0.200 4	0.371 2	2.083 0	0.000 9	2.527 4	5.282 9	1.245 0	0.123 4	0	0	6.602 3
4月、5月	氨氮计算容量	0.060 0	0.155 5	0.406 0	0.004 4	1.876 7	0.444 3	2.116 9	0.170 9	6.705 2	0.262 6	5.708 7
	TN 环境容量	0.280 5	0.939 8	2.144 7	0.021 9	7.579 5	2.454 6	10.336 2	0.753 7	30.156 3	1.115 7	30.061 4
	TN 排放量	0.505 8	1.331 6	4.544 8	0.023 0	9.912 5	6.787 7	11.485 5	0.867 6	30.156 3	1.115 7	49.195 7
	TN 削减量	0.225 3	0.391 7	2.400 1	0.001 0	2.333 0	4.333 1	1.149 2	0.113 9	0	0	19.134 3
6月	氨氮计算容量	0.167 1	0.429 5	1.865 4	0.011 4	5.490 7	2.426 0	4.093 1	1.762 6	16.204 3	1.863 5	20.863 6
	TN 环境容量	0.707 1	1.660 5	8.418 5	0.030 5	22.175 8	8.359 8	19.985 9	7.774 9	5.217 8	1.489 1	84.044 2
	TN 排放量	0.707 1	1.660 5	8.418 5	0.030 5	22.512 0	8.359 8	40.312 1	9.588 3	5.217 8	1.489 1	84.044 2
	TN 削减量	0	0	0	0	0.336 2	0	20.326 2	1.813 5	0	0	0
7月	氨氮计算容量	10.745 7	7.804 2	20.627 3	0.125 2	9.565 8	2.508 9	4.918 6	1.291 9	13.568 6	2.997 0	94.493 4
	TN 环境容量	50.237 2	27.377 9	108.966 3	0.621 1	38.634 0	13.748 2	24.016 4	5.698 8	78.979 3	14.312 3	497.595 6
	TN 排放量	68.128 0	27.377 9	110.249 4	0.706 2	39.602 3	13.748 2	43.844 9	8.035 8	85.482 4	18.761 2	648.484 2
	TN 削减量	17.890 8	0	1.283 2	0.085 1	0.968 3	0	19.828 5	2.336 9	6.503 2	4.448 9	150.888 6
8月	氨氮计算容量	9.975 4	9.336 9	29.335 2	0.613 2	4.223 6	8.528 4	5.398 9	0.455 1	3.909 2	1.208 0	96.653 4
	TN 环境容量	40.257 8	56.416 3	120.860 9	3.041 5	15.385 1	47.118 4	26.361 8	2.007 6	22.754 6	4.385 3	471.270 8
	TN 排放量	40.257 8	68.058 1	120.860 9	3.159 7	15.385 1	51.359 1	32.359 9	2.806 5	30.127 6	4.385 3	471.270 8
	TN 削减量	0	11.641 8	0	0.118 2	0	4.240 7	5.998 1	0.799 0	7.373 0	0	0

续表 6.8

		石河	新开河	汤河	新河	戴河	洋河	人造河	东沙河	大蒲河	七里海	滦河
9 月	氨氮计算容量	2. 432 1	5. 873 2	4. 846 5	0. 173 2	1. 481 7	14. 204 4	0. 819 3	0. 263 1	4. 276 9	0. 750 8	48. 640 5
	TN 环境容量	11. 370 2	35. 487 7	25. 602 3	0. 859 0	5. 984 1	78. 477 1	4. 000 6	1. 160 7	24. 894 4	3. 465 2	256. 137 4
	TN 排放量	25. 710 7	58. 590 6	27. 722 1	2. 650 8	15. 122 2	225. 229 3	7. 200 9	1. 589 8	44. 537 3	3. 465 2	272. 524 7
	TN 削减量	14. 340 5	23. 102 9	2. 119 8	1. 791 7	9. 138 1	146. 752 2	3. 200 3	0. 429 1	19. 642 8	0	16. 387 3
10 月	氨氮计算容量	1. 830 7	1. 166 7	3. 463 6	0. 053 6	1. 532 7	4. 818 3	0. 761 2	0. 755 3	4. 746 2	1. 478 5	47. 989 5
	TN 环境容量	8. 558 5	7. 049 6	18. 297 0	0. 265 7	6. 190 0	23. 696 6	3. 716 8	3. 217 6	24. 028 8	4. 166 5	197. 716 7
	TN 排放量	9. 131 1	13. 769 1	23. 000 0	0. 378 2	7. 491 3	23. 696 6	4. 518 5	3. 217 6	24. 028 8	4. 166 5	197. 716 7
	TN 削减量	0. 572 5	6. 719 5	4. 703 0	0. 112 5	1. 301 2	0	0. 801 7	0	0	0	0
11 月	氨氮计算容量	0. 808 6	3. 249 6	1. 446 3	0. 038 2	1. 609 1	1. 183 9	2. 706 6	0. 823 0	5. 259 5	0. 932 8	24. 822 4
	TN 环境容量	3. 780 5	19. 635 0	6. 956 9	0. 189 7	6. 498 7	6. 108 7	13. 215 8	3. 630 2	30. 123 4	4. 454 8	130. 713 0
	TN 排放量	4. 068 9	34. 259 5	6. 956 9	0. 200 6	8. 385 9	6. 108 7	18. 339 8	4. 394 6	30. 123 4	4. 684 1	142. 354 9
	TN 削减量	0. 288 5	14. 624 5	0	0. 010 9	1. 887 1	0	5. 124 0	0. 764 4	0	0. 229 3	11. 642 0
12 月	氨氮计算容量	0. 252 5	2. 789 8	0. 823 2	0. 021 6	0. 777 6	1. 519 5	0. 413 8	0. 623 5	0. 188 0	0. 370 8	13. 594 2
	TN 环境容量	1. 180 3	16. 856 9	4. 348 7	0. 107 1	3. 140 5	8. 394 9	2. 020 6	2. 750 5	1. 094 3	1. 770 7	71. 586 3
	TN 排放量	1. 444 2	20. 726 8	4. 494 7	0. 132 5	5. 309 4	10. 289 4	2. 135 3	4. 044 6	1. 190 4	2. 474 7	107. 705 1
	TN 削减量	0. 264 0	3. 869 9	0. 146 0	0. 025 4	2. 168 9	1. 894 5	0. 114 7	1. 294 1	0. 096 1	0. 704 0	36. 118 8
总计	TN 环境容量	117. 351 9	168. 674 1	303. 179 0	5. 214 8	137. 800 8	197. 024 1	147. 583 1	30. 197 5	345. 413 1	39. 901 4	2 091. 160 3
	TN 排放量	151. 760 2	230. 529 6	322. 480 1	7. 363 6	165. 849 0	374. 426 4	209. 010 2	38. 232 1	379. 028 2	45. 283 6	2 364. 272 7
	TN 削减量	34. 408 1	61. 855 6	19. 301 2	2. 148 5	28. 048 0	177. 402 3	61. 426 9	8. 035 0	33. 615 1	5. 382 2	273. 112 2

表 6.9 2013 年秦皇岛入海河流 TN 逐月环境容量、排放量和削减量

单位：t

	1月、2月、3月	4月、5月	6月	7月	8月	9月	10月	11月	12月	总计
TN 环境容量	166.333 4	85.844 3	159.864 1	860.187 1	809.860 1	447.438 7	296.903 8	225.306 7	113.250 8	3 583.500 1
TN 排放量	184.769 9	115.926 2	182.339 9	1 064.420 5	840.030 8	684.343 6	311.114 4	259.877 3	159.947 1	4 288.235 7
TN 削减量	18.436 5	30.081 6	22.475 9	204.233 5	30.170 8	236.904 7	14.210 4	34.570 7	46.696 4	704.735 1

6.3.3　TP 环境容量

2013 年秦皇岛入海河流总磷现状源强、环境容量和削减量见表 6.10。2013 年各月滦河口总磷浓度均小于二类水质标准，不需进行削减。七里海总磷除 12 月超标，需削减 0.007 t 外，其余各月也均不需削减。戴河 7 月超标，需削减 0.076 5 t，其余各月均未超标。东沙河 2013 年 6—12 月除 7 月超标，需削减 0.263 6 t 外，其余各月均不需削减。石河和新开河 1—6 月均需削减，7—12 月保持现状即可。2013 年 6—12 月新河仅 11 月总磷未超标，其余月份均需削减，其中 8 月和 9 月分别需要削减 0.050 1 t 和 0.061 9 t。汤河 1—5 月和 8—10 月总磷均需削减，10 月削减量为 0.249 1 t。洋河、人造河和大蒲河总磷超标较为严重，洋河和人造河除 11 月和 12 月外，其余月份均需削减；大蒲河则除 11 月外，其余月份均需削减。2013 年 8 月和 9 月，洋河总磷分别需要削减 1.743 4 t 和 3.217 6 t，削减量较大。人造河 6 月和 8 月总磷需削减分别为 1.197 1 t 和 2.900 7 t。大蒲河 1—7 月和 9 月总磷需削减均大于 1.6 t，需严格监管整治。

2013 年秦皇岛近岸入海河流总磷排放量、环境容量及削减量见表 6.11。2013 年秦皇岛入海河流总磷排放量总计 146.996 3 t（1—5 月浓度未监测的河流不计入统计范围），总环境容量为 105.304 9 t，总削减量为 41.691 4 t，其中 11 月各条河流总磷浓度均未超标，无需削减。8 月总磷排放量最高，为 35.541 7 t，9 月次之为 24.758 0 t。9 月总磷需削减量最高，为 6.416 3 t；6 月次之，为 5.503 5 t；1—3 月和 8 月总磷削减量均大于 5 t。

表 6.10　2013 年秦皇岛入海河流的总磷逐月排放量、环境容量和削减量

单位：t

入海河流		石河	新开河	汤河	新河	戴河	洋河	人造河	东沙河	大蒲河	七里海	滦河
1月、2月、3月	排放量	0.022 4	0.241 3	0.248 1	—	—	0.753 2	1.320 9	—	5.259 1	—	—
	环境容量	0.019 5	0.139 5	0.161 1	—	—	0.367 4	0.458 6	—	1.452 8	—	—
	削减量	0.002 9	0.101 8	0.087 0	—	—	0.385 8	0.862 3	—	3.806 3	—	—
4月、5月	排放量	0.024 8	0.312 4	0.270 7	—	—	0.603 7	0.724	—	3.003 9	—	0.340 9
	环境容量	0.022 8	0.162 7	0.188 0	—	—	0.339 2	0.423 4	—	1.341 0	—	0.340 9
	削减量	0.002 0	0.149 7	0.082 7	—	—	0.264 5	0.300 6	—	1.662 9	—	0
6月	排放量	0.073 9	0.460 2	0.306 6	0.005 9	0.949 9	0.877 0	2.220 2	0.175 6	7.389 2	0.438 2	0.965 8
	环境容量	0.053 5	0.383 5	0.306 6	0.002 3	0.949 9	0.819 6	1.023 1	0.175 6	3.240 9	0.438 2	0.965 8
	削减量	0.020 4	0.076 7	0	0.003 6	0	0.057 4	1.197 1	0	4.148 3	0	0
7月	排放量	1.096 1	2.611 2	3.712 4	0.025 5	1.989 7	1.040 8	1.819 1	0.521 9	4.396 2	0.409 4	2.646 4
	环境容量	1.096 1	2.611 2	3.712 4	0.025	1.913 2	0.776 7	1.554 8	0.258 3	2.713 7	0.409 4	2.646 4
	削减量	0	0	0	0.000 5	0.076 5	0.264 1	0.264 3	0.263 6	1.682 5	0	0
8月	排放量	2.508 1	7.345 8	6.054 8	0.362 9	1.129 2	6.455 2	4.577 3	0.069 7	2.057 5	0.482 7	4.498 5
	环境容量	2.508 1	7.345 8	5.867 1	0.312 8	1.129 2	4.711 8	1.676 6	0.069 7	1.469 6	0.482 7	4.498 5
	削减量	0	0	0.187 7	0.050 1	0	1.743 4	2.900 7	0	0.587 9	0	0
9月	排放量	0.724 4	3.991 0	0.979 5	0.150 2	0.329 9	11.065 3	0.519 1	0.053 2	4.469 8	0.207 4	2.268 2
	环境容量	0.724 4	3.991 0	0.969 3	0.088 3	0.329 9	7.847 7	0.254 5	0.053 2	1.607 8	0.207 4	2.268 2
	削减量	0	0	0.010 2	0.061 9	0	3.217 6	0.264 6	0	2.862 0	0	0
10月	排放量	0.341 6	0.569 9	1.027 4	0.014 7	0.322 2	1.151 0	0.202 5	0.136 7	1.757 5	0.113 8	1.516 5
	环境容量	0.341 6	0.569 9	0.778 3	0.010 7	0.322 2	1.128 4	0.187 5	0.136 7	0.992 9	0.113 8	1.516 5
	削减量	0	0	0.249 1	0.004 0	0	0.022 6	0.015 0	0	0.764 6	0	0

续表 6.10

入海河流		石河	新开河	汤河	新河	戴河	洋河	人造河	东沙河	大蒲河	七里海	滦河
11 月	排放量	0. 105 1	2. 149 0	0. 154 3	0. 006 4	0. 195 3	0. 188 5	0. 523 6	0. 083 0	1. 109 0	0. 146 5	1. 836 3
	环境容量	0. 105 1	2. 149 0	0. 154 3	0. 006 4	0. 195 3	0. 188 5	0. 523 6	0. 083 0	1. 109 0	0. 146 5	1. 836 3
	削减量	0	0	0	0	0	0	0	0	0	0	0
12 月	排放量	0. 044 3	2. 365 2	0. 082 4	0. 006 3	0. 097 3	0. 149 2	0. 049 1	0. 045 7	0. 067 2	0. 100 9	1. 811 2
	环境容量	0. 044 3	2. 365 2	0. 082 4	0. 004 7	0. 097 3	0. 149 2	0. 049 1	0. 045 7	0. 043 9	0. 093 9	1. 811 2
	削减量	0	0	0	0. 001 6	0	0	0	0	0. 023 3	0. 007 0	0
总计	排放量	5. 010 3	20. 841 0	13. 603 1	0. 571 9	5. 013 5	24. 394 0	15. 321 6	1. 085 8	43. 031 5	1. 898 9	16. 224 7
	环境容量	4. 977 2	20. 159 5	12. 729 7	0. 450 2	4. 937 0	17. 402 5	7. 491 8	0. 822 2	18. 218 2	1. 891 9	16. 224 7
	削减量	0. 033 1	0. 681 5	0. 873 4	0. 121 7	0. 076 5	6. 991 5	7. 829 8	0. 263 6	24. 813 3	0. 007 0	0

表 6.11　2013 年秦皇岛入海河流总磷逐月排放量、环境容量及削减量

单位：t

	1 月、2 月、3 月	4 月、5 月	6 月	7 月	8 月	9 月	10 月	11 月	12 月	总计
排放量	7. 845 0	5. 280 4	13. 862 5	20. 268 7	35. 541 7	24. 758 0	7. 153 8	6. 497 0	4. 818 8	146. 996 3
环境容量	2. 598 9	2. 818 0	8. 359 0	17. 717 2	30. 071 9	18. 341 7	6. 098 5	6. 497 0	4. 786 9	105. 304 9
削减量	5. 246 1	2. 462 4	5. 503 5	2. 551 5	5. 469 8	6. 416 3	1. 055 3	0	0. 031 9	41. 691 4

第7章　秦皇岛近岸海域主要环境问题及对策建议

7.1　秦皇岛海域面临的主要环境问题

7.1.1　海洋生态灾害以褐潮为主，并呈多灾种并发态势

河北省海域2006—2013年共发生大规模赤潮高达30余次，其中多次发生在秦皇岛近岸海域，其高发期主要集中在夏季，累积发生面积明显增大，秦皇岛海域已成为赤潮的多发区。根据2013年河北省海洋环境监测中心和秦皇岛海洋环境监测中心站发布的《赤潮应急监视监测快报》与现场观测资料（见图7.1和图7.2）进行统计分析，得到2013年赤潮情况统计如表7.1所示。2013年秦皇岛近岸海域共爆发9次赤潮，赤潮频发期为5月25日至6月27日，赤潮类型多为夜光藻赤潮，2013年秦皇岛近岸海域赤潮爆发累计面积约51 km²。

表7.1　2013年典型赤潮统计

时间	地点	赤潮类型	表征
5月25—29日	戴河口至金山嘴附近海域	夜光藻赤潮	呈条状或块状分布，颜色为暗红色，累计面积约2 km²
6月3—4日	戴河口至金山嘴附近海域	夜光藻赤潮	呈块状、条带状或条纹状分布，颜色为砖红色，累计面积约10 km²
6月9日	秦皇岛港西锚地海域	夜光藻赤潮	砖红色、块状或条带状，累计面积约11.5 km²
6月9日	中直浴场	夜光藻赤潮	沿岸海水呈砖红色，黏稠状
6月10日	北戴河海滨	夜光藻赤潮	块状或条带状，砖红色，面积约16 km²
6月18—19日	西浴场顺岸	夜光藻赤潮	长约2 km，宽约30 m的砖红色赤潮带
6月18—19日	东山浴场至金沙嘴附近海域	原甲藻、夜光藻赤潮	片状和带状赤潮，呈砖红色，面积约7 km²
6月20日	金沙嘴西北方向	夜光藻赤潮	带状赤潮，面积约1 km²
6月23—27日	秦皇岛港东锚地	夜光藻赤潮	条带状，累计面积3~4 km²

研究调查表明，秦皇岛近岸海域自2009年以来连续大面积爆发的新型海洋生态灾害是以抑食金球藻为优势种的褐潮。截至2014年，褐潮灾害已连续6年发生，单次最大褐潮面积达3 400 km^2（2012年），褐潮高发区覆盖了北戴河及相邻区域全部海水浴场，严重影响浴场水质和滨海景观，造成了秦皇岛扇贝养殖业的巨大损失。

近年来，秦皇岛近岸海域多灾种并发的态势明显，已成为渤海生态灾害最严重的区域：2011年以来，秦皇岛近岸海域赤潮灾害频次和累计面积均为渤海最高；近岸局部海域浒苔分布范围呈蔓延趋势；水母旺发已成为影响公众安全的又一重大海洋生态灾害。

7.1.2　陆源排污贡献率高，农业面源是主要污染源

陆域社会经济活动是近岸海域污染物主要来源，入海河流和沿岸排污口贡献了90%以上的COD和50%以上的氮磷。其中，排污贡献率最大的入海河流依次为：滦河、大蒲河、洋河、汤河。陆源污染物排海之后，主要在近岸浅水海域滞留，对海水浴场水质的影响显著。

从产业分布看，农业面源污染的贡献率占陆域产污总量的65%以上。其中，畜禽养殖业是农业面源污染排放的主体，COD、氨氮、总磷排放量占农业面源污染比重均在85%以上；种植业为第二大农业污染源。从陆源污染物的区域分布看，两个农业大县昌黎和抚宁区氮磷产污量约占秦皇岛陆域产污总量的60%。

7.1.3　浮筏扇贝养殖规模大，对海域环境影响大

近20年来河北省海水养殖发展迅速。1999年海水养殖产量为9.5×10^4 t，2006年增加到30.5×10^4 t，至2012年已达到38.2×10^4 t。秦皇岛海域养殖业在全省占据重要地位，秦皇岛近岸海区坡降大，近岸浅海大部分为砂质底质，适宜养殖。岸边向海水深0~5 m面积130.4 km^2，向海水深5~12 m面积19 093 km^2，可用于养殖的面积分别为60.90 km^2和682.4 km^2。养殖功能用海为洋河口渔港航道以南至滦河口唐山分界以北的海域（见图7.3），底栖生物丰富，水体透明度高，水质良好，符合渔业水质标准。

表7.2显示了2004年秦皇岛市的养殖区面积、产量和种类所占比率，秦皇岛市贝类养殖面积最大，为15 597 hm^2，占秦皇岛市总养殖面积的90.5%；贝类产量10.7×10^4 t，占全市养殖产量的98.7%。贝类养殖种类最早为栉扇贝、紫贻贝，如今多以海湾扇贝为主要品种，秦皇岛海域海湾扇贝养殖自20世纪90年代以来，在各方支持下得到快速发展，养殖区从昌黎县向南北扩展。初步形成扇贝养殖、加工、出口的产业链，带动了沿海经济发展。2008年贝类养殖面积增至37 300 hm^2，占秦皇岛市总养殖面积的82.9%；贝类产量10.8×10^4 t，占全市养殖产量的98%（见表1.4）。

表 7.2　2004 年秦皇岛海水养殖组成

项目名称	贝类	鱼类	虾蟹类	合计
养殖面积（hm^2）	15 597	919	716	17 232
占比例（%）	90.5	5.3	4.2	100.0
养殖产量（t）	107 415	1 011	427	108 853
占比例（%）	98.7	0.9	0.4	100.0

昌黎县扇贝养殖主要经历了以下 4 个阶段[69]。

1993—1997 年为试验示范阶段，1993 年昌黎县大蒲河镇首先出现集体投资建设扇贝养殖场，并试养成功，当年扇贝养殖面积 0.18 km^2，产量 350 t，产值 120 万元。其后，个体养殖户代替了集体投资，扇贝养殖逐渐发展，到 1997 年，昌黎县扇贝养殖面积共 3.72 km^2，产量6 150 t，产值 1 845 万元。

1998—2000 年为快速发展阶段，扇贝养殖技术得到广泛认可，养殖规模迅速扩大。1998 年扇贝养殖面积达 14.2 km^2，产量 1.2×10^4 t，产值 3 840 万元；2000 年又继续增加到 120 km^2，产量 7×10^4 t，产值 1.8 亿元。

2001—2004 年为调整巩固阶段，养殖规模的扩大和养殖密度过大，扇贝养殖单产和效益下滑，加上 2003 年风暴潮影响，网笼被海浪破坏，损失严重。养殖产量稳定在 7×10^4 t 左右，产值约 1.4 亿元。

2005 年后为稳步发展阶段，通过对养殖技术的不断改进，推广了海上分苗技术、套笼养殖技术，规范了台距、笼距、筏架长度和养殖层数，并使养殖区域向更深海域转移，减小养殖密度。2005 年养殖规模 126.7 km^2，产量 8.5×10^4 t，产值 2.7 亿元。受海区污染等影响，期间经历了几次下滑。引进了少量紫扇贝、中科红河加拿大扇贝，2000—2012 年养殖规模约 433 km^2，2012 年养殖扇贝 1 600 万笼，贝类总产量 25.8×10^4 t，产值约 8.5 亿元。

2005—2013 年，秦皇岛近岸海域浮筏扇贝养殖区面积从 1.5×10^4 hm^2 增加到 4×10^4 hm^2，主要分布在抚宁县洋河口以西至昌黎县所辖海域，紧邻北戴河近岸海水浴场。近岸养殖在扩张过程中挤占航道，受利益驱动养殖密度增加，海域承压过重，失去自我恢复能力，同时水质清洁技术缺乏，导致水体环境变差。

海水养殖排污是海上最主要的面源污染。养殖扇贝通过摄食和排泄，将相邻海域海水中的无机氮和磷转化为有利于褐潮爆发的有机态营养盐。海水养殖活动释放的氮、磷可能为褐潮长期爆发带来稳定持续的营养来源。并且，由于海湾扇贝喜食硅藻，大面积养殖扇贝将导致浮游植物种群结构失衡，有利于抑食金球藻等微微型藻类成为优势种而爆发褐潮。

7.2　秦皇岛近岸海域环境深度治理对策建议

纵向省、市、县三级主管部门沟通，横向水产、海洋、水务、交通运输等部门统一协

图7.1 2013年5月25日赤潮巡航照片

图7.2 2013年6月9日赤潮现场照片

图7.3 近海筏式养殖

调，梳理行政管理关系，对海域开发利用进行统一规划、合理布局，为各相关管理部门管理海域和开发利用提供依据。在各级相关部门的统一领导下，统筹建设，做好配合协调，根据近岸海域功能，针对服务需求，进行统一规划、合理布局，优先重点治理区域，逐步实现治理目标。对整治情况和水体状况定期检查，并作为考核指标落实到具体部门。

由各级政府和相关主管部门联合建立近岸海域环境综合整治督办机构，加强海域监管，严格控制海域使用开发。实行项目联合审批、核定排污总量、联合执法检查和联系工作制度，监督、管理海域环境综合治理的实施。增强法制意识，自觉遵守环保法律法规，依法管理，严格执法，严肃查处各类环境违法行为。同时强化对环境执法行为的监督，建立公开的环境违法立案标准，便于社会各界监督，强化监察机关和各部门的联合执法。

组织跨学科、多领域合作的攻关团队，开展政府、企业、高校和科研单位之间产学研合作，进行技术攻关和联合开发，提高环境治理研究和科技转化能力。对开展的海岸开发利用，做好充分全面的环境影响评价，从产业优化布局、调整产业结构、加强环境管理、推进水污染控制工程建设以及提升环境承载力等方面采取切实有效的措施，加大环境综合整治力度，严格取缔污染项目，最大限度降低各类项目对近岸海域环境的不利影响。积极研究探索农业面源污染的减排和治理控制技术、合理科学的海洋养殖技术等。

建立和完善生态补偿机制，认真落实科学发展观，以统筹区域协调发展为主线，以体制创新、政策创新和管理创新为动力，因地制宜选择生态补偿模式，不断完善政府的调控手段，充分发挥市场机制作用，动员全社会的力量积极参与，逐步建立公平公正、积极有效的机制，努力实现生态补偿的法制化、规范化。

参考文献

[1] 同济大学，河北省发改委宏观经济研究所，北海监测中心，等. 北戴河邻近海域污染物总量控制与产业结构优化调整 [R]. 上海：2016.

[2] 杜宝军，王玉芹，骆开海，等. 秦皇岛市农业资源区划 [M]. 石家庄：河北科学技术出版社，2009.

[3] 河北省国土资源厅. 河北省海洋资源调查与评价专题报告（上）[M]. 北京：海洋出版社，2007.

[4] 董坤. 秦皇岛海岸带变迁及其环境效应研究 [D]. 石家庄：河北师范大学，2008.

[5] 李翠格. 秦皇岛沿海地学旅游资源开发研究 [D]. 石家庄：河北师范大学，2008.

[6] 河北省地勘局秦皇岛矿产水文工程地质大队. 北戴河西海滩修复工程项目建议书 [R]. 秦皇岛：河北省地勘局秦皇岛矿产水文工程地质大队，2008.

[7] 同济大学. 河北省近岸海域环境容量评价 [R]. 上海：同济大学，2009.

[8] 秦皇岛市统计局. 2013 年秦皇岛市国民经济和社会发展统计公报 [R]. 秦皇岛：2014.

[9] 庞景贵，郭金龙. 河北省水产养殖业现状与展望 [J]. 现代渔业信息，2008（02）：23-27.

[10] 崔力拓，李志伟，胡克寒. 河北省海水养殖区水质的时空变化特征 [J]. 大连海洋大学学报，2012，27（2）：182-185.

[11] 同济大学. 北戴河海域海洋信息服务系统构建——老虎石浴场及周边岬湾海岸修复工程信息管理系统 [R]. 上海：同济大学，2015.

[12] Henriksen H J R, Troldborg L, Nyegaard P, et al. Methodology for construction, calibration and validation of a national hydrological model for Denmark [J]. Journal of Hydrology. 2003, 280 (1-4): 52-71.

[13] Andersen H E, Kronvang B, Larsen S R E, et al. Climate-change impacts on hydrology and nutrients in a Danish lowland river basin [J]. Science of the Total Environment. 2006, 365 (1-3): 223-237.

[14] Doulgeris C, Georgiou P, Papadimos D, et al. Ecosystem approach to water resources management using the MIKE 11 modeling system in the Strymonas River and Lake Kerkini [J]. Journal of Environmental Management. 2012, 94 (1): 132-143.

[15] Fourniotis N T, Horsch G M. Baroclinic circulation in the Gulf of Patras (Greece) [J]. Ocean Engineering. 2015, 104: 238-248.

[16] Sravanthi N, Ramakrishnan R, Rajawat A S, et al. Application of numerical model in suspended sediment transport studies along the Central Kerala, West-coast of India [J]. Aquatic Procedia. 2015, 4: 109-116.

[17] Panda R K, Pramanik N, Bala B. Simulation of river stage using artificial neural network and MIKE 11 hydrodynamic model [J]. Computers & Geosciences. 2010, 36 (6): 735-745.

[18] 王喜冬，刘少雄，苏芬芬，等. 香港地铁黄竹坑站施工阶段雨水系统影响模拟评估 [J]. 给水排水，2010（01）：102-106.

[19] 王喜冬. 香港岛南区雨水管网改造总体规划概述 [J]. 给水排水，2005（06）：103-107.

[20] 王兴伟，陈家军，郑海亮. 南水北调中线京石段突发性水污染事故污染物运移扩散研究 [J]. 水资源保

护，2015（06）：103-108.

[21] 吴天蛟，杨汉波，李哲，等. 基于MIKE11的三峡库区洪水演进模拟［J］. 水力发电学报，2014（02）：51-57.

[22] 冯凌旋. 长江口南北槽分流口演变及其对北槽深水航道整治工程的影响［D］. 上海：华东师范大学，2010.

[23] 谢亚力，黄世昌，王瑞锋，等. 钱塘江河口围涂对杭州湾风暴潮影响数值模拟［J］. 海洋工程，2007（03）：61-67.

[24] 张华锋. 浙北引水工程对嘉兴平原河网水环境影响的评价研究［D］. 浙江：浙江大学，2008.

[25] DHI. MIKE11、MIKE21 & MIKE3 FLOW MODEL Hydrodynamic and Transport Module Scientific Documentation［Z］. Demark：DHI Water & Environment，2013.

[26] Abbott M B，Ionescu F. On the numerical computation of nearly horizontal flows［J］. Journal of Hydraulic Research. 1967，5（2）：97-117.

[27] 吴天蛟. 三峡区间入流对库区洪水影响研究［D］. 北京：清华大学，2014.

[28] 魏泽彪.南水北调东线小运河段突发水污染事故模拟预测与应急调控研究［D］. 济南：山东大学，2014.

[29] 季民，孙志伟，王泽良，等. 纳污海水中COD生化降解过程的模拟试验研究［J］. 海洋与湖沼，1999（06）：731-736.

[30] 中国环境规划院. 全国水环境容量核定技术指南［S］. 2003.

[31] 犹爽. 大连海上机场工程对金州湾海域水环境影响数值研究［D］. 大连：大连理工大学，2013.

[32] Jawahar P，Kamath H. A high-resolution procedure for Euler and Navier-Stokes computations on unstructured grids［J］. Journal of Computational Physics. 2000，164（1）：165-203.

[33] 胡广鑫. 二维水动力—水质耦合模型对东昌湖生态补水的研究与应用［D］. 青岛：中国海洋大学，2012.

[34] Smagorinsky J S. General circulation experiments with the primitive equations I. the basic experiment［J］. Monthly Weather Review. 1963，91（3）：99-164.

[35] Launder B E，Spalding D B. The numerical computation of turbulent flows［J］. Computer Methods in Applied Mechanics and Engineering. 1974，3（2）：269-289.

[36] 张勇，张永丰，张万磊，等. 秦皇岛海域微微型藻华期间叶绿素a分级研究［J］. 生态科学，2012（04）：357-363.

[37] Moradi M，Kabiri K. Red tide detection in the Strait of Hormuz（east of the Persian Gulf）using MODIS fluorescence data［J］. International Journal of Remote Sensing. 2012，33（4）：1015-1028.

[38] 梁书秀，孙昭晨，Nakatsuji Keiji，等. 渤海典型余环流及其影响因素研究［J］. 大连理工大学学报，2006（01）：103-110.

[39] 匡翠萍，高健博，刘曙光，等. 贝加尔湖典型风况下三维流场数值模拟［J］. 人民长江，2010（03）：99-101.

[40] Wu T，Qin B，Zhu G，et al. Modeling of turbidity dynamics caused by wind-induced waves and current in the Taihu Lake［J］. International Journal of Sediment Research. 2013，28（2）：139-148.

[41] 匡翠萍，胡成飞，冒小丹，等. 秦皇岛海域洪季水动力及污染物扩散数值模拟［J］. 同济大学学报（自然科学版），2015（09）：1355-1360.

[42] 余兴光，陈彬，王金坑. 海湾环境容量与生态环境保护研究——以罗源湾为例［M］. 北京：海洋出版社，2010.

[43] Oddo P, Pinardi N. Lateral open boundary conditions for nested limited area models: A scale selective approach [J]. Ocean Modelling. 2008, 20 (2): 134-156.

[44] 刘浩，尹宝树. 辽东湾氮、磷和COD环境容量的数值计算 [J]. 海洋通报, 2006 (02): 46-54.

[45] 高璞，梁书秀，孙昭晨. 渤海COD分布特征季节变化的数值模拟 [J]. 海洋湖沼通报, 2009 (03): 24-33.

[46] 徐明德. 黄海南部近岸海域水动力特性及污染物输移扩散规律研究 [D]. 上海: 同济大学, 2006.

[47] 郭栋鹏. 黄海南部海域排海尾水中污染物降解规律研究 [D]. 太原: 太原理工大学, 2006.

[48] Allen J I, Somerfield P J, Gilbert F J. Quantifying uncertainty in high-resolution coupled hydrodynamic-ecosystem models [J]. Journal of Marine Systems. 2007, 64 (1-4): 3-14.

[49] Deksissa T. Dynamic Integrated Modelling of Basic Water Quality and Fate and Effect of Organic Contaminants in Rivers [D]. Belgium: Ghent University, 2004.

[50] 匡翠萍，胡成飞，冒小丹，等. 秦皇岛海域洪季水动力及污染物扩散数值模拟 [J]. 同济大学学报 (自然科学版), 2015, 43 (9): 1355-1360.

[51] 匡翠萍，李正尧，顾杰，等. 洋河-戴河河口海域COD时空分布特征研究 [J]. 中国环境科学, 2015, 35 (12): 3689-3697.

[52] 顾杰，胡成飞，李正尧，等. 秦皇岛河流-海岸水动力和水质耦合模拟分析, 海洋科学, 2017, 41 (2): 1-11.

[53] Tuncer G, Karakas T, Balkas T I, et al. Land-based sources of pollution along the black sea coast of Turkey: Concentrations and annual loads to the black sea [J]. Marine Pollution Bulletin. 1998, 36 (6): 409-423.

[54] Pan K, Wang W. Trace metal contamination in estuarine and coastal environments in China [J]. Science of the Total Environment. 2012, 421-422 (0): 3-16.

[55] Li K, Shi X, Bao X, et al. Modeling total maximum allocated loads for heavy metals in Jinzhou Bay, China [J]. Marine Pollution Bulletin. 2014, 85 (2): 659-664.

[56] Gu J, Hu C F, Kuang C P, et al. A water quality model applied for the rivers into the Qinhuangdao coastal water in the Bohai Sea, China [J]. Journal of Hydrodynamics, 2016, 28 (5): 905-913.

[57] Xie Y L, Li Y P, Huang G H, et al. An inexact chance-constrained programming model for water quality management in Binhai New Area of Tianjin, China [J]. Science of the Total Environment. 2011, 409 (10): 1757-1773.

[58] Schaffner M, Bader H, Scheidegger R. Modeling the contribution of point sources and non-point sources to Thachin River water pollution [J]. Science of the Total Environment. 2009, 407 (17): 4902-4915.

[59] Li Y P, Huang G H. Two-stage planning for sustainable water-quality management under uncertainty [J]. Journal of Environmental Management. 2009, 90 (8): 2402-2413.

[60] 陆书玉，栾胜基，朱坦. 环境影响评价 [M]. 北京: 高等教育出版社, 2006.

[61] 黄秀清，王金辉，蒋晓山，等. 象山港海洋环境容量及污染物总量控制研究 [M]. 北京: 海洋出版社, 2008.

[62] 余兴光，马志远，林志兰，等. 福建省海湾围填海规划环境化学与环境容量影响评价 [M]. 北京: 科学出版社, 2008.

[63] 逄勇，陆桂华. 水环境容量计算理论及应用 [M]. 北京: 科学出版社, 2010.

[64] 黄秀清. 乐清湾海洋环境容量及污染物总量控制研究 [M]. 北京: 海洋出版社, 2011.

[65] 关道明. 我国近岸典型海域环境质量评价和环境容量研究 [M]. 北京: 海洋出版社, 2011.

[66] 余兴光，刘正华，马志远，等. 九龙江河口生态环境状况与生态系统管理［M］. 北京：海洋出版社，2012.

[67] 张珞平，陈伟琪，江琉武，等. 厦门湾海域环境质量评价和环境容量研究［M］. 北京：海洋出版社，2013.

[68] 顾杰，李正尧，冒小丹，等. 夏季北戴河海域 COD 环境容量研究［J］. 海洋环境科学，2017，36（5）：682-687.

[69] 张丽敏. 昌黎县扇贝养殖业现状及发展策略［J］. 河北渔业，2013（7）：60-61.